CONTROLE ESTATÍSTICO DE PROCESSO

CONTROLE ESTATÍSTICO DE PROCESSO

Daniele Cristina Thoaldo

Rua Clara Vendramin, 58 – Mossunguê
CEP 81200-170 – Curitiba – PR – Brasil
Fone: (41) 2106-4170
www.intersaberes.com
editora@intersaberes.com

Conselho editorial
Dr. Alexandre Coutinho Pagliarini
Dr.ª Elena Godoy
Dr. Neri dos Santos
M.ª Maria Lúcia Prado Sabatella

Editora-chefe
Lindsay Azambuja

Gerente editorial
Ariadne Nunes Wenger

Assistente editorial
Daniela Viroli Pereira Pinto

Preparação de originais
Fernanda Zrzebiela

Edição de texto
Camila Rosa
Letra & Língua Ltda.
Millefoglie Serviços de Edição

Capa
Luana Machado Amaro (*design*)
Madredus/Shutterstock (imagem)

Projeto gráfico
Sílvio Gabriel Spannenberg

Adaptação do projeto gráfico
Kátia Priscila Irokawa

Diagramação
Muse Design

***Designer* responsável**
Luana Machado Amaro

Iconografia
Regina Claudia Cruz Prestes
Sandra Lopis da Silveira

Dados Internacionais de Catalogação na Publicação (CIP)
(Câmara Brasileira do Livro, SP, Brasil)

Thoaldo, Daniele Cristina
  Controle estatístico de processo / Daniele Cristina Thoaldo. --
Curitiba : Editora Intersaberes, 2023.

  Bibliografia.
  ISBN 978-85-227-0417-0

  1. Administração da produção 2. Controle de processo - Métodos estatísticos 3. Controle de qualidade - Métodos estatísticos
I. Título.

22-140624   CDD-658.562

Índices para catálogo sistemático:
1. Controle estatístico de processo : Qualidade :
Administração   658.562

Cibele Maria Dias - Bibliotecária - CRB-8/9427

1ª edição, 2023.
Foi feito o depósito legal.

Informamos que é de inteira responsabilidade da autora a emissão de conceitos.

Nenhuma parte desta publicação poderá ser reproduzida por qualquer meio ou forma sem a prévia autorização da Editora InterSaberes.

A violação dos direitos autorais é crime estabelecido na Lei n. 9.610/1998 e punido pelo art. 184 do Código Penal.

Sumário

7 *Apresentação*

9 *Como aproveitar ao máximo este livro*

15 Capítulo 1 – Folha de verificação
15 1.1 Controle estatístico de processo
16 1.2 Definição de folha de verificação
19 1.3 Usos e utilidade da folha de verificação
23 1.4 Coleta de dados
28 1.5 Estudos de caso

37 Capítulo 2 – Amostragem e estratificação
37 2.1 Amostragem
42 2.2 Estratificação
49 2.3 Estudos de caso

59 Capítulo 3 – Diagrama de Pareto e diagrama de causa e efeito
59 3.1 Diagrama de Pareto
68 3.2 Diagrama de causa e efeito
74 3.3 Estudo de caso

83 Capítulo 4 – Gráfico de controle para atributos
85 4.1 Gráfico de controle para a proporção de não conformes em amostras de mesmo tamanho
90 4.2 Gráfico de controle para o número de defeitos em unidades de mesmo tamanho
94 4.3 Gráfico de controle para a proporção de defeitos em amostras de tamanho variável
98 4.4 Gráfico de controle para o número médio de defeitos por unidade
102 4.5 Estudo de caso

109 Capítulo 5 – Gráficos de controle para variáveis
109 5.1 Gráficos de controle $\overline{X}$ (ou *X-barra*) e R
117 5.2 Gráficos de controle $\overline{X}$ (ou *X-barra*) e S
122 5.3 Gráfico de controle para medidas individuais
126 5.4 Fundamentação estatística dos gráficos de controle
127 5.5 Capacidade do processo

133   Capítulo 6 – Função perda quadrática
133   6.1 Determinação do coeficiente de perda
137   6.2 Cálculo da perda para um lote de produtos
140   6.3 Função perda para os tipos de características da qualidade
144   6.4 Estudos de caso

154   *Considerações finais*

155   *Lista de siglas*

156   *Referências*

158   *Respostas*

161   *Sobre a autora*

Apresentação

Nesta obra, oferecemos a você, leitor(a), subsídios para alcançar um entendimento sobre estatística aplicada a empresas e indústrias. Aqui, buscamos aliar rigor matemático e didática de fácil compreensão.

Para propiciar o esclarecimento dos conceitos aqui abordados, recorremos a diversos estudos de caso e exemplos resolvidos, além de exercícios de fixação ao final de cada capítulo, com vistas a tornar esse conhecimento mais acurado..

O tema central de nossa abordagem são as ferramentas utilizadas pela estatística no controle estatístico de processo, também chamadas de *ferramentas de qualidade*. Para viabilizar um entendimento efetivo de cada uma das ferramentas apresentadas, disponibilizamos, sempre que necessário, o passo a passo do desenvolvimento matemático e da construção de gráficos, com explicações e observações pertinentes.

Como aproveitar ao máximo este livro

Empregamos nesta obra recursos que visam enriquecer seu aprendizado, facilitar a compreensão dos conteúdos e tornar a leitura mais dinâmica. Conheça a seguir cada uma dessas ferramentas e saiba como estão distribuídas no decorrer deste livro para bem aproveitá-las.

Conteúdos do capítulo
Logo na abertura do capítulo, relacionamos os conteúdos que nele serão abordados.

Após o estudo deste capítulo, você será capaz de:
Antes de iniciarmos nossa abordagem, listamos as habilidades trabalhadas no capítulo e os conhecimentos que você assimilará no decorrer do texto.

Para saber mais
Sugerimos a leitura de diferentes conteúdos digitais e impressos para que você aprofunde sua aprendizagem e siga buscando conhecimento.

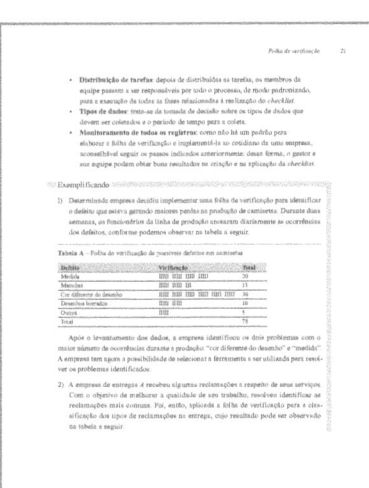

Exemplificando
Disponibilizamos, nesta seção, exemplos para ilustrar conceitos e operações descritos ao longo do capítulo a fim de demonstrar como as noções de análise podem ser aplicadas.

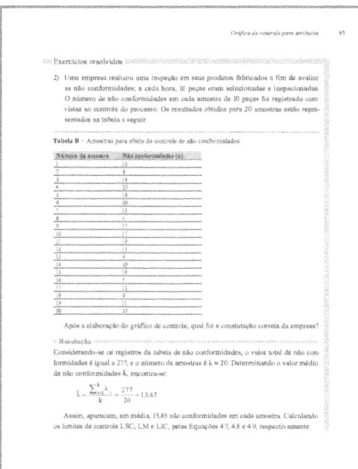

Exercícios resolvidos
Nesta seção, você acompanhará passo a passo a resolução de alguns problemas complexos que envolvem os assuntos trabalhados no capítulo.

O QUE É
Nesta seção, destacamos definições e conceitos elementares para a compreensão dos tópicos do capítulo.

ESTUDO DE CASO
Nesta seção, relatamos situações reais ou fictícias que articulam a perspectiva teórica e o contexto prático da área de conhecimento ou do campo profissional em foco com o propósito de levá-lo a analisar tais problemáticas e a buscar soluções.

Síntese
Ao final de cada capítulo, relacionamos as principais informações nele abordadas a fim de que você avalie as conclusões a que chegou, confirmando-as ou redefinindo-as.

Questões para revisão
Ao realizar estas atividades, você poderá rever os principais conceitos analisados. Ao final do livro, disponibilizamos as respostas às questões para a verificação de sua aprendizagem.

Questões para reflexão

Ao propor estas questões, pretendemos estimular sua reflexão crítica sobre temas que ampliam a discussão dos conteúdos tratados no capítulo, contemplando ideias e experiências que podem ser compartilhadas com seus pares.

Conteúdos do capítulo
- Conceito de controle estatístico de processo.
- Definição de folha de verificação.
- Usos e utilidade da folha de verificação.
- Realização de uma coleta de dados.

Após o estudo deste capítulo, você será capaz de:
1. conceituar controle estatístico de processo;
2. definir folha de verificação;
3. identificar o uso e a utilidade da folha de verificação;
4. realizar uma coleta de dados.

1
Folha de verificação

A estatística trata da coleta, do processamento, da interpretação e da apresentação de dados, assim como do planejamento detalhado que precede todas essas atividades. Para isso, a estatística segue um conjunto de regras e utiliza várias ferramentas.

O controle estatístico de processo (CEP) é uma ferramenta de gestão que visa garantir a qualidade final e evitar desvios com potencial de comprometer os resultados dos processos de uma empresa. Para tanto, são utilizadas algumas estratégias para monitorar as variáveis refletidoras da qualidade de determinado processo, entre elas, a folha de verificação. Vale ressaltar que os dados coletados devem fornecer informações que contribuam tanto para a identificação de problemas e de suas potenciais causas quanto para a aplicação de ações corretivas, caso necessário.

Neste capítulo, apresentaremos os conceitos de controle estatístico e de folha de verificação, uma das ferramentas usadas pelo CEP, cuja aplicabilidade será avaliada em estudos de caso.

1.1 Controle estatístico de processo

Ao analisar a evolução histórica da produção e da prestação de serviços, nota-se que houve um crescimento significativo não só das grandes e pequenas empresas, mas também, de modo proporcional, das exigências do consumidor. Atualmente, a competitividade entre as empresas, que buscam ou trabalham para manter um bom lugar no mercado para atender os clientes de maneira satisfatória, orienta a estratégia dessas companhias para a busca do aumento da eficiência do processo produtivo – por exemplo, o menor emprego de custos aliado à entrega de produtos que satisfaçam às necessidades dos clientes.

Dessa forma, a fim de otimizar a eficiência do processo produtivo, muitas ideias e princípios, regidos pela qualidade, são observados pelas empresas em suas tomadas de decisão. Nesse âmbito se encontra o CEP, composto de métodos quue se prestam a monitorar o nível da qualidade de determinado produto ou serviço. Tais procedimentos permitem a tomada de medidas preventivas, a fim de evitar problemas futuros com a qualidade do bem ou do serviço ofertado. Por conseguinte, isso reduz possíveis custos que seriam gerados à empresa ao ter de aplicar recursos, como insumos e tempo de mão de obra, para resolver tais problemas.

> **Para saber mais**
>
> As empresas que desejam a manutenção dos padrões de seus produtos ou serviços precisam implementar o CEP. Para entender um pouco mais sobre o assunto, leia o texto indicado a seguir, que apresenta uma discussão a respeito do CEP e de sua importância. LABONE CONSULTORIA. **Controle estatístico de processo (CEP)**: o que é e qual sua importância? Disponível em: <https://www.laboneconsultoria.com.br/controle-estatistico-de-processo/> Acesso em: 11 jan. 2023.

No CEP, há variáveis de de dois tipos: (1) a **numérica** diz respeito a cada um dos produtos ou serviços; e (2) a de **atributos**, por sua vez, é aplicada quando se observa a frequência de determinada característica.

De modo geral, inicialmente o CEP monitora a **variabilidade**; quando se observa que ela é constante no decorrer do tempo, passa-se ao controle da **média** do processo. Esses controles podem ser realizados tanto de maneira individual quanto agrupada, e é por meio deles que se quantifica a capacidade do processo de atender às especificações do cliente.

Sem dúvidas, um dos principais feitos do CEP é identificar mudanças em determinados períodos nos parâmetros do processo. Para cada um desses parâmetros, são calculados dois valores de referência, que são os limites de controle. Assim, em cada amostra, é preciso calcular uma estimativa para esses parâmetros e verificar se os valores estão entre os limites de controle.

Quando se nota que algum valor está fora dos limites de controle, é preciso verificar se aconteceu, de fato, alguma mudança nas condições de ocorrência do processo a qual explique uma alteração em seus parâmetros; também se pode verificar se se trata de apenas um "alarme falso", ou seja, se o item foi produzido com baixo rendimento de qualidade em decorrência, por exemplo, da natureza aleatória da medida de qualidade calculada.

Importa observar que há procedimentos estatísticos multivariados que estão sendo desenvolvidos na tentativa de suprir a falta de técnicas que permitam a análise conjunta das variáveis de interesse.

1.2 Definição de folha de verificação

A fim de atender às expectativas dos clientes, a qualidade da produção de um bem ou da prestação de um serviço deve apresentar níveis de alto desempenho. Para que isso aconteça, são utilizadas variadas técnicas e ferramentas, cuja escolha depende da situação e da etapa em que o processo se encontra. Assim, essas ferramentas são úteis para mensurar e analisar dados e informações, além de indicarem soluções para possíveis problemas, viabilizando melhores resultados.

Uma dessas ferramentas de qualidade é a folha de verificação, também conhecida como *lista de verificação* ou *checklist*. Trata-se de um formulário planejado, que facilita a coleta e a análise de dados, além de corresponder ao início da maioria dos controles de processos. Os dados coletados e analisados geram informações valiosas para a identificação dos processos – que se torna mais fácil quando estão formatados adequadamente –, permitindo, assim, a verificação de oportunidades de melhoria.

Essa lista de verificação, ou *checklist*, é apresentada na forma impressa ou digital e corresponde a um quadro, a uma tabela ou a uma planilha, com vários campos que devem ser preenchidos com o registro de dados e informações sobre uma tarefa ou um processo (Figura 1.1). À medida que a lista de verificação é aplicada repetidamente, compõe-se um histórico a respeito de uma tarefa ou de um processo, sendo possível a avaliação de tendências, além de auxiliar na tomada de ações para a melhoria do planejamento das atividades envolvidas.

Figura 1.1 – Exemplo de folha de verificação

FOLHA DE VERIFICAÇÃO PARA CLASSIFICAÇÃO DE PRODUTOS DEFEITUOSOS		
PRODUTO:		
ESTÁGIO DE FABRICAÇÃO:		
TIPO DE DEFEITO:		
TOTAL INSPECIONADO:		
DATA:		
SEÇÃO:		
INSPETOR:		
OBSERVAÇÃO:		

DEFEITO	CONTAGEM	SUBTOTAL
ARRANHÃO	▨▨▨	15
TRINCA	▨	5
REVESTIMENTO RUIM	...	
OUTROS	...	
	TOTAL	20
TOTAL REJEITADO	▨▨▨▨▨ ▨▨▨▨	50

Fonte: Elaborado com base em Lozada, 2017.

Não existe um formato exato para a folha de verificação. Normalmente, utilizam-se marcas ou números nas informações listadas, os quais representam a quantidade de defeitos de determinado produto ou processo, dividido em regiões, em que cada marca pode apresentar um tipo de significado.

Na Figura 1.2, disponibilizamos um exemplo de folha de verificação, no qual são mostrados alguns dos itens que podem compor a lista, descritos na sequência.

Figura 1.2 – Formato de uma folha de verificação

O QUE COLETAR:	
ONDE:	
POR QUE COLETAR:	
RESPONSÁVEL:	
DATA DA COLETA:	

TIPOS DE DEFEITOS	DOM	SEG	TER	QUA	QUI	SEX	SAB	TOTAL
DEFEITO 1	III			I				4
DEFEITO 2		IIII						4
DEFEITO 3						II		2
DEFEITO 4								
...								
TOTAL	3	4		1		2		10

O item 1 indica o cabeçalho; nele, são preenchidas as informações mais gerais, como: "o que coletar"; "onde coletar"; "por que coletar"; o "responsável" pela coleta; e a "data" em que ela ocorreu. Essas informações são fundamentais, pois mostram claramente os objetivos e os fins dessa ferramenta.

No item 2, a primeira coluna da lista mostra os defeitos ou o fenômeno que está sendo avaliado. É possível, assim, listar os defeitos ou os eventos necessários para entender a dinâmica do processo. Na última linha dessa coluna, apresenta-se o "total", espaço no qual deve ser informado o número total de defeitos apresentados na lista.

O item 3, por sua vez, compõe o "corpo" da lista, no qual deve ser indicada, com riscos ou números, a quantidade de eventos observados. Na lista do exemplo, o corpo foi separado em dias da semana; nesse caso, a observação do fenômeno é feita todos os dias, durante certo período. Na última linha desse item, deve ser marcado o total de defeitos ocorridos no dia da semana considerado. Na lista em questão, é possível constatar que tanto no domingo quanto na segunda-feira foram observados quatro defeitos ou eventos, tendo sido registrados, portanto, na última linha, o número quatro, para a coluna referente ao domingo, e o número quatro para a coluna referente à segunda.

Por fim, no item 4, que é a última coluna, é registrado o total em relação a cada defeito listado durante a semana. Na tabela do exemplo, como o defeito 1 foi registrado apenas quatro vezes durante a semana, está registrado o número 4. Também o defeito 2 foi observado quatro vezes durante a semana, sendo expresso o número 4 na última coluna. A última linha desse item corresponde à soma de todos os defeitos ou eventos observados; neste caso, o total registrado é 8.

> **Para saber mais**
>
> As análises de uma empresa ou de um fenômeno devem ser fundamentadas em dados, e a organização desses dados pode ser feita na folha de verificação. No vídeo indicado a seguir, sintetiza-se o conceito de folha de verificação e demonstra-se como elaborá-la:
>
> GONÇALVES, B. S. O. **Folha de verificação 2**. 22 mar. 2017. Disponível em: <https://www.youtube.com/watch?v=3MkNYbpWwUE>. Acesso em: 11 jan. 2023.

Dessa forma, mediante a utilização da folha de verificação, a coleta de dados acontece de maneira otimizada e organizada, já que essa ferramenta auxilia no processo de análise de dados e informações que são aplicados a outras ferramentas da qualidade. Para que a folha de verificação cumpra sua função, o propósito da coleta de dados deve ser bem-definido. É necessário, nesse sentido, que esse documento seja providenciado antes do início da coleta de dados, a fim de colhers as informações realmente úteis para outras ferramentas da qualidade.

1.3 Usos e utilidade da folha de verificação

Para construir e utilizar uma folha de verificação, é preciso seguir algumas etapas e definir alguns procedimentos. A quantidade de etapas depende diretamente da necessidade e da complexidade dos processos produtivos de cada empresa, podendo variar de acordo com esses fatores. Inexiste, assim, uma forma padronizada a ser considerada na construção de uma folha de verificação, embora seja recomendado que ela contenha algumas informações essenciais.

De modo geral, há cinco procedimentos principais para a elaboração de uma folha de verificação:

1. **O que será observado**: é preciso ter clareza sobre a finalidade da coleta de dados, ou seja, se serão analisados o número de defeitos, o local onde eles se encontram, a aplicação de determinada ação etc.

2. **Período em que os dados serão coletados**: deve-se definir se os dados serão coletados, por exemplo, diária, semanal ou mensalmente e, ainda, se a coleta será feita no período da manhã, da tarde ou da noite.
3. **Modelo de *checklist***: é necessário determinar se o modelo será composto de números, de marcadores etc.
4. **Responsável pela coleta de dados**: é preciso estabelecer quem e quantos será(ão) o(s) responsável(is) pela coleta de dados e o objetivo da verificação.
5. **Tamanho da amostra**: é indispensável indicar a quantidade ideal de dados a serem coletados.

Depois de realizados esses passos iniciais de construção da folha de verificação, para a tomada de decisão, é importante testar o documento, o que pode ser feito por meio de um levantamento simulado e pela aplicação de outras ferramentas.

As etapas a serem seguidas para a utilização dessa ferramenta podem variar, mas destacamos aqui as principais delas:

- **Distribuição do processo de produção**: implica a necessidade de controle da produção por meio de amostras, sendo muito útil na realização de análise de produtos cujo objetivo seja verificar sua conformidade, ou não, com o padrão estabelecido.
- **Compartilhamento de dados**: nessa etapa, é possível observar os dados e as informações coletadas e compartilhadas por todos os membros da equipe que estão no mesmo local.
- **Análise dos defeitos**: tem a finalidade de observar a frequência com que aparecem os erros e os defeitos e identificar os locais onde isso acontece.
- **Causas do defeito**: diz respeito à coleta de dados que deve ser feita para comprovar as causas de cada tipo de defeito.
- **Coleta de dados específicos**: nessa etapa, o *checklist* permite que a coleta de dados seja mais específica, dependendo apenas de cada tipo de produto e do problema a ser resolvido.
- **Processo de produção**: fase em que é possível escolher um processo de produção ou partes do processo para verificar seu funcionamento e avaliar possíveis registros de erros.
- **Análise de processos**: nessa etapa, os envolvidos na realização do *checklist* conseguem avaliar e verificar a execução de todas as etapas produtivas do processo.

- **Distribuição de tarefas**: depois de distribuídas as tarefas, os membros da equipe passam a ser responsáveis por todo o processo, de modo padronizado, para a execução de todas as fases relacionadas à realização do *checklist*.
- **Tipos de dados**: trata-se da tomada de decisão sobre os tipos de dados que devem ser coletados e o período de tempo para a coleta.
- **Monitoramento de todos os registros**: como não há um padrão para elaborar a folha de verificação e implementá-la ao cotidiano da uma empresa, aconselhável seguir os passos indicados anteriormente; dessa forma, o gestor e sua equipe podem obter bons resultados na criação e na aplicação da *checklist*.

Exemplificando

1) Determinada empresa decidiu implementar uma folha de verificação para identificar o defeito que estava gerando maiores perdas na produção de camisetas. Durante duas semanas, os funcionários da linha de produção anotaram diariamente as ocorrências dos defeitos, conforme podemos observar na tabela a seguir.

Tabela A – Folha de verificação de possíveis defeitos em camisetas

Defeito	Verificação	Total
Medida	IIIII IIIII IIIII IIIII	20
Manchas	IIIII IIIII III	13
Cor diferente do desenho	IIIII IIIII IIIII IIIII IIIII IIIII	30
Desenhos borrados	IIIII IIIII	10
Outros	IIIII	5
Total		78

Após o levantamento dos dados, a empresa identificou os dois problemas com o maior número de ocorrências durante a produção: "cor diferente do desenho" e "medida". A empresa tem agora a possibilidade de selecionar a ferramenta a ser utilizada para resolver os problemas identificados.

2) A empresa de entregas *A* recebeu algumas reclamações a respeito de seus serviços. Com o objetivo de melhorar a qualidade de seu trabalho, resolveu identificar as reclamações mais comuns. Foi, então, aplicada a folha de verificação para a classificação dos tipos de reclamações na entrega, cujo resultado pode ser observado na tabela a seguir.

Tabela B – Lista de tipos de reclamações

Reclamações	Seg	Ter	Qua	Qui	Sex	Total
Atraso	IIII III	IIII	II	IIII IIII I	IIII IIII	35
Embalagem	III	I		IIII	II	10
Atendimento	IIII II	II	III	IIII	I	17
Sujeira	IIII		II	IIII I		12
Riscos	II		IIII			6
Quebra	III			IIII	IIII III	15
Total	27	7	11	29	21	95

Depois de registrar as ocorrências durante certo período, a empresa percebeu que a insatisfação dos clientes estava relacionada, preponderantemente, ao atraso e ao atendimento. Também foi possível detectar os dias em que mais ocorreram essas reclamações: tanto as que se referem aos atrasos quanto aquelas relativas ao atendimento apresentaram maior incidência na segunda e na quinta-feira. Agora, a fim de melhorar o serviço ofertado, a empresa pode aplicar outra ferramenta para analisar como resolver esses problemas.

Como demonstram esses exemplos, a folha de verificação pode apresentar diferentes formatos, dependendo do tipo de processo e do que precisa ser avaliado. No primeiro, a observação foi registrada apenas com a verificação do defeito; no segundo, o registro da observação ocorreu em um intervalo de tempo determinado – vale notar que também é possível registrar os defeitos encontrados na forma de números, em vez de traços.

Assim, pode ser aplicado um tipo de folha de verificação específico para cada tipo de análise, dependendo do objetivo e do processo de monitoramento. Os principais tipos de lista de verificação usados são:

- **Andamento de um processo**: a folha de verificação está relacionada com o andamento do processo, permitindo verificar todos os pontos principais, o que inclui a possibilidade de realizar uma análise da probabilidade de interferências.
- **Tipo, local e causa de defeito**: a folha de verificação é usada para identificar o tipo, o local e a causa do defeito, sendo possível registrar o defeito presente em determinado processo, ou seja, identificar o tipo de defeito, o local em que este ocorre e sua causa.
- **Acompanhamento de etapas**: é o tipo de lista de verificação mais utilizado. O acompanhamento de etapas consiste no uso simples e assertivo da folha de verificação, sendo adotado por todos os tipos e segmentos de empresas.
  De certa forma, esse tipo de lista gera mais segurança aos gestores no que diz respeito aos procedimentos e ao cumprimento de prazos e condições.

A composição de uma planilha, em que seja possível coletar e agrupar dados de maneira sistêmica, mantendo-se um registro uniforme, facilita a análise e a interpretação dos resultados. É possível, assim, obter o registro e o agrupamento lógico de diversos dados e informações, o que torna mais eficiente acompanhar o comportamento da variável que se pretende controlar.

Nesse sentido, a folha de verificação é útil para formar uma percepção da realidade, auxiliando na redução de erros, já que evita sua reincidência. Além disso, a padronização das informações coletadas gera maior confiabilidade e embasamento para o aprimoramento da qualidade do processo.

São muitos os objetivos da folha de verificação, dependendo da situação, tais como:

- **Distribuir o processo de produção**: significa controlar a produção por meio de amostragens; neste caso, a folha de verificação é usada quando se tem interesse em avaliar se a medida de um produto está conforme o esperado.
- **Comprovar causas e defeitos**: refere-se a usar a folha de verificação para coletar informações que apontem as causas de determinado defeito em um produto.
- **Coletar dados**: sobre a frequência ou sobre os padrões de eventos, defeitos, localização de defeitos etc.;
- **Verificar a execução do processo**: significa corresponde a um *checklist* com o fito de assegurar a execução correta de todas as partes do processo.

A folha de verificação é uma ferramenta benéfica, pois busca sempre a qualidade do processo. Há, porém, uma desvantagem com relação a seu uso, que é a demora: trata-se, muitas vezes, de um processo lento, que exige certa paciência, especialmente nos casos em que a amostra é muito ampla, o que demanda mais tempo e recursos para sua finalização. Ainda assim, na maioria dos casos, fazer um *checklist* é vantajoso para a empresa.

1.4 Coleta de dados

Por definição, *dados estatísticos* são fatos e números coletados para análise e sintetização, com o intuito de serem apresentados e interpretados. O conjunto de dados de estudo são todos os dados coletados em um estudo específico.

O QUE É

Dados são fatos e números coletados em uma pesquisa ou em um experimento.

Para realizar uma coleta de dados, devem-se considerar as escalas de medição, que são: nominal, ordinal, intervalar ou razão. A **escala de medição** serve para determinar a quantidade de informações contidas nos dados, além de ser um indicador da síntese e das análises estatísticas mais apropriadas para a aplicação.

A escala **nominal**, por exemplo, refere-se a dados de uma variável que são rótulos ou nomes utilizados para identificar um atributo do elemento. Há casos em que a escala de medição é nominal, mas são aplicados um código numérico e rótulos não numéricos para facilitar a coleta de dados. Dessa forma, é comum que a escala de medição seja nominal, mas os dados sejam apresentados em valores numéricos.

Exemplificando

3) Coleta de dados por escala nominal. Nesta pesquisa realizada para coletar dados que futuramente serão organizados e analisados, o questionário estrutura-se em forma de perguntas, para as quais o entrevistado deve marcar uma opção.

- Qual é o tipo de loja de sua preferência?
  0 – Minimercado.
  1 – Supermercados.
  2 – Hipermercados.

A **escala ordinal** implica que os dados apresentem propriedades de dados nominais, mas a ordem ou a classificação dos dados é significativa. Os dados ordinais também podem ser registrados por um código numérico.

Exemplificando

4) Coleta de dados por escala ordinal. Nesta pesquisa realizada para coletar dados que futuramente serão organizados e analisados, o questionário estrutura-se em forma de perguntas, para as quais o entrevistado deve marcar uma opção que representa uma gradação.

- Você gosta de realizar compras em centros comerciais?
  0 – Não gosto.
  1 – Sim, eu gosto.
  2 – Não tenho preferência.

Exercício resolvido

1) Uma empresa de confecção de camisetas resolveu fazer uma pesquisa com seus clientes e elaborou um questionário para ser respondido em 30 dias. Entre as perguntas formuladas, uma tinha o objetivo de avaliar a satisfação do cliente com relação às entregas dos produtos, com as seguintes possibilidades de respostas: muito satisfeito (1); satisfeito (2); insatisfeito (3); muito insatisfeito (4). Considerando que 27 clientes responderam 1; 32 responderam 2; 13 responderam 3; e 8 responderam 4, qual é a porcentagem de clientes insatisfeitos?

Resolução

O número total de clientes que responderam à pesquisa foi:

Clientes = 27 + 32 + 13 + 8 = 80

A quantidade de clientes insatisfeitos que responderam à pesquisa foi:

Insatisfeitos = 13 + 8 = 21

Assim, a porcentagem de clientes insatisfeitos resulta em:

21/80 = 0,2625

Resposta

Clientes insatisfeitos = 26,25%.

A **escala intervalar** acontece quando os dados apresentam as propriedades de dados ordinais e o intervalo entre os valores é expresso em uma unidade de medida fixa. Os dados de intervalos são sempre numéricos.

Exemplificando

5) Coleta de dados por escala intervalar. Nesta pesquisa realizada para coletar dados que futuramente serão organizados e analisados, o questionário estrutura-se em forma de perguntas, para as quais o entrevistado deve marcar uma opção que mostre o intervalo em que sua situação se enquadra.

- Durante quanto tempo você pratica leitura no decorrer de uma semana?
  0 – Menos de 10 minutos.
  1 – De 10 minutos a 20 minutos.
  2 – De 20 minutos a 30 minutos.
  3 – Mais de 30 minutos.

A **escala de razão**, também chamada de *quociente*, refere-se aos dados que tiverem todas as propriedades de dados intervalares e cujo quociente de dois valores seja significativo. Variáveis como distância, altura, peso e tempo utilizam a escala de razão como medição.

Exemplificando

6) Coleta de dados por escala de razões. Nesta pesquisa realizada para coletar dados que futuramente serão organizados e analisados, o questionário estrutura-se em forma de perguntas, para as quais o entrevistado deve marcar uma opção que mostre o intervalo em que sua situação se enquadra.

- Qual é sua altura?
  0 – Menos de 1,50 m.
  1 – De 1,50 m a 1,70 m.
  2 – De 1,70 m a 1,90 m.
  3 – Mais de 1,90 m.

Os dados também são classificados como:

- **Dados categorizados**: são os que podem ser agrupados por categorias específicas e utilizam escala de medição nominal ou ordinal.
- **Dados quantitativos**: são aqueles que utilizam valores numéricos para indicar quantidade, sendo obtidos por medição de escala intervalar ou escala de razão.

Para coletar os dados de uma empresa ou de determinado fenômeno, pode-se recorrer a fontes existentes, por meio de pesquisas, e realizar estudos experimentais, previamente planejados para a coleta de novas observações.

Muitas vezes, os dados necessários para uma aplicação já existem. Normalmente, as empresas mantêm um banco de dados de suas operações administrativas, de seus empregados e de seus clientes; as informações sobre salários e tempo de experiência de seus empregados se encontram, em geral, nos registros internos do departamento pessoal. Alguns dos dados disponíveis nos registros internos das empresas podem ser observados no Quadro 1.1.

Quadro 1.1 – Dados que podem estar disponíveis nos registros internos das empresas

Fonte	Dados geralmente disponíveis
Registros de funcionários	Nome, endereço, número do seguro social, número de dias de férias, número de dias dedicados a tratamento de saúde e bonificações.
Registros de produção	Número de peças ou produtos, quantidade produzida, custo de mão de obra e de matérias-primas.
Registros de inventário	Número de peças ou produtos, número de unidades disponíveis, nível de reabastecimento, lote econômico de compra e programa de descontos.
Registros de vendas	Número do produto, volume de vendas, volume de vendas por região e volume de vendas por tipo de cliente.
Registros de crédito	Nome do cliente, endereço, número de telefone, limite de crédito e saldo de contas a receber.
Perfil do cliente	Idade, gênero, nível de renda, tamanho da família, endereço e preferências.

Fonte: Anderson; Sweeney; Williams, 2002, p. 10.

Os dados de uma empresa também podem estar disponíveis em associações industriais e organizações de interesse especial. Outra fonte em que é possível buscar informações é a internet, pois a maioria das empresas mantém *sites* que fornecem dados gerais sobre a organização, como número de vendas e de empregados, além de número, preço e especificação dos produtos.

Outra forma de coletar os dados é por meio do **estudo observacional** e do **estudo experimental**. A diferença entre essas formas de coleta de dados é que, nesta última, o experimento é conduzido sob condições controladas, ao passo que, na primeira, a observação simplesmente ocorre em uma situação particular, em que são registrados os dados. O estudo experimental geralmente tem início com a identificação de determinada variável de estudo (variável primária); depois, são identificadas as variáveis, efetuando-se seu controle, para que sejam obtidos dados que subsidiem a avaliação da forma como outras variáveis influenciam a variável primária.

Além das formas de coleta de dados, é importante avaliar o tempo e o custo necessários para a obtenção dos dados desejados. Normalmente, quando a coleta precisa ser feita em um curto período de tempo, são utilizadas as fontes de dados já existentes. Entretanto, caso as informações desejadas não estejam disponíveis em uma fonte existente, será gasto um tempo extra na pesquisa ou no experimento, e custos adicionais envolvidos nesse processo devem ser levados em conta.

De qualquer forma, deve-se ter em mente a contribuição da análise estatística para o processo de tomada de decisão. É importante que o custo para a obtenção dos dados e a subsequente análise estatística não excedam a economia gerada quando se utilizam as informações para tomar uma decisão melhor.

Na coleta os dados, é recomendável cuidado para não utilizar cegamente dados disponíveis em bancos de dados ou, até mesmo, aqueles obtidos de modo pouco acurado, já que tal escolha pode resultar em informações enganosas e, consequentemente, em decisões ruins.

Os erros na coleta de dados podem ocorrer de várias maneiras. Por exemplo, em uma entrevista, a idade de uma pessoa de 24 anos é registrada, por engano, como 42 anos; ou uma pessoa interpreta a questão de modo equivocado e registra a resposta incorreta.

Alguns procedimentos especiais podem ser aplicados para uma verificação da coerência interna dos dados. Um analista, por exemplo, revisa a exatidão dos dados de uma pessoa que respondeu ter uma faixa etária de acordo com o tempo de experiência de trabalho. Também é possível avaliar dados que têm valores muito baixos ou muito elevados, ou seja, que apresentam valores atípicos, já que estes são dados que podem conter erros. Vale assinalar que a obtenção de dados precisos assegura que a informação obtida é confiável, e a tomada de decisões, bem-sucedida.

1.5 Estudos de caso

Nesta seção, apresentaremos alguns estudos de caso nos quais foi utilizada a folha de verificação como ferramenta de identificação de determinados fenômenos.

Vale lembrar que estudos de caso são métodos de pesquisa sobre determinado assunto, os quais permitem aprofundar o conhecimento sobre o tema. Trata-se de uma forma de organizar os dados, preservando o objeto estudado (que tem caráter único); além disso, o estudo serve de ponto de partida para trabalhos futuros, já que oferecem embasamento para novas investigações, para aqueles que desejam trabalhar com o tema ou com o fenômeno relacionado.

Os estudos de caso a seguir ilustram a aplicabilidade, a funcionalidade e o desenvolvimento da folha de verificação, sem, contudo, a preocupação de propiciar o aprofundamento no tema ou de propor uma solução para o fenômeno abordado.

Estudo de caso I

Folha de verificação: aplicabilidade em higienização hospitalar

No artigo "Folha de verificação: aplicabilidade dessa ferramenta no serviço de higienização hospitalar", escrito por Marcos Aurélio Cavalcante Ayres e publicado, em 2019, na *Revista Humanidades e Inovação* (Ayres, 2019), é apresentada a aplicabilidade da folha de verificação no serviço de higienização hospitalar. Para se obter uma boa aplicação dessa ferramenta, foi providenciado o *brainstorming*, ou seja, uma discussão em grupo na qual são apontadas as principais causas do problema, com o intuito de fomentar ideias para resolvê-lo. Assim, a coleta de dados serviu como base para apontar as principais falhas no serviço de higienização hospitalar.

O estudo de caso foi realizado em uma empresa do segmento hospitalar, caracterizado, segundo o Sistema Único de Saúde (SUS), como hospital de média complexidade, por ofertar serviços de diversas especialidades. As principais queixas relatadas pela diretoria do hospital foram: ausência de funcionários, de planejamento e de equipamentos de segurança e operacionais, além da falta de alguns produtos.

A folha de verificação utilizada no levantamento da prestação de serviços de higienização de um hospital é apresentada na Tabela 1.1.

Tabela 1.1 – Folha de verificação de serviços

Causa verificada no período x		
Ocorrência	Frequência	Total
Falta de pessoal	X X X X X X X X X X	10
Falta de produtos	X X X X X X X X X X	10
Falta de planejamento	X X X X X	5
Falta de equipamentos	X X X X X X X	7
Total		32

Fonte: Ayres, 2019, p. 9.

Os problemas identificados na etapa inicial de *brainstorming* guardam inter-relações significativas. Quando foram discriminados esses problemas na elaboração da folha de verificação, tornou-se possível identificar a frequência mais impactante relacionada ao problema e sua relação de causa e efeito.

Estudo de caso II

Ferramentas de qualidade em uma microempresa do ramo calçadista

No artigo "Aplicação de ferramentas de qualidade: estudo de caso em uma microempresa do ramo calçadista", Candeias et al. (2017) analisam, fundamentando-se em teorias e métodos da qualidade, a situação de uma empresa do ramo calçadista.

O nome da empresa foi omitido por questões confidenciais, mas se sabe que ela integra o setor calçadista da região metropolitana de Belo Horizonte e se enquadra no grupo de micro e pequenas empresas que utilizam, preponderantemente, processos artesanais. Assim, seu processo produtivo é essencialmente artesanal, o que significa que todas as etapas operacionais são pouco automatizadas.

A empresa conta com um espaço físico de aproximadamente 100 m², o qual inclui a área de produção, o escritório e o estoque. O corpo de funcionários é composto apenas dos proprietários. O estudo foi feito por meio de visitas técnicas, entrevistas com os colaboradores e coleta de dados. Pela análise dos dados obtidos, foram elaboradas sugestões de melhorias, que foram implementadas em um período de cerca de sete meses.

Como a empresa não dispunha de um registro histórico de dados documentados, foi preciso proceder à coleta de dados primários, para, em seguida, dar-se prosseguimento ao estudo. O processo de coleta de dados durou 18 semanas. Ao término, foi construída uma planilha para o registro dos dados, conforme expresso na Tabela 1.2.

Tabela 1.2 – Amostra do banco de dados gerado

Semana	Qtde fabricada (Pares)	Qtde defeitos (Pares)	Tipo de defeito	Descrição
:	:	:	:	:
5º	87	12	Costura	A linha soltou e o forro foram queimados na hora do acabamento
6º	112	3	Enfeite	Enfeite deslocou na hora da soldagem
6º	112	13	Enfeite	Enfeite quebrou
7º	92	15	Operador	Foi passado cola no solado de referência diferente da fábrica no momento
8º	63	5	Couro	Couro com defeito depois de costurado
9º	98	11	Outros	Quando o salto foi pregado o prego vazou
9º	98	7	Máquina	Máquina de dividir desregulada estragou o couro
10º	137	5	Máquina	Máquina de conformar desregulada (no máximo) queimou o talão do sapato
10º	137	-	Operador	Operador esbarrou no vidro de alogenante atrasando a produção
:	:	:	:	

Fonte: Candeias et al., 2017, p. 8.

De acordo com os dados computados na tabela, as causas *operador*, *máquina* e *costura* representam 71% das ocorrências. Na sequência, foi testada a veracidade quanto à criticidade dos eventos mais frequentes. A equipe então conduziu um *brainstorming* entre os colaboradores, com a finalidade de adequar os índices de *severidade*, *ocorrência* e *detecção*, de acordo com o processo da empresa. Os valores atribuídos ao índice de ocorrência foram classificados com base em uma amostragem-padrão de 100 itens, condizente com a taxa de produção da empresa.

Estudo de caso III

Sistemas da qualidade na busca de vantagem competitiva

No trabalho *Sistemas da qualidade na busca de vantagem competitiva: estudo de caso na indústria Zanzini móveis*, Lima et al. (2014) apresentam a relação entre qualidade e competitividade e a importância da utilização de ferramentas e de programas de qualidade para a obtenção de vantagem competitiva.

O estudo foi realizado na empresa Zanzini Móveis e mostra sua busca pela qualidade no decorrer dos anos, por meio da implantação de programas e da aplicação de ferramentas da qualidade.

Historicamente, a empresa iniciou suas atividades na condição de pequena marcenaria, que produzia apenas móveis sob encomenda. Em 1981, a empresa começou sua expansão com a construção das instalações da fábrica atual e a modernização da linha de produção. À época do estudo, dispunha de 22.000 m² de área construída e oferecia móveis residenciais e de escritóriopara os mercados nacional e internacional. Além disso, a empresa contava com aproximadamente 420 colaboradores em desenvolvimento profissional constante e pretendia aumentar sua produção, nos anos seguintes, para cerca de 720 mil peças por ano.

Por meio de pesquisa nos registros da referida empresa, foram coletados os resultados de seu desempenho competitivo durante essa trajetória.

Gráfico 1.1 – Total de horas de treinamento por colaborador

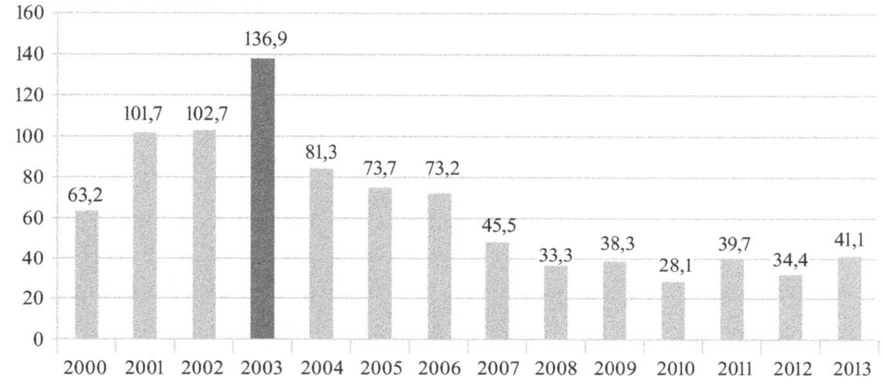

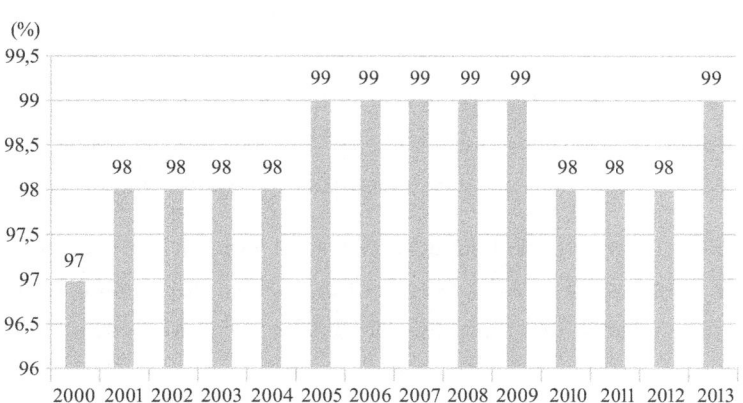

Fonte: Lima et al., 2014, p. 49.

Gráfico 1.2 – Evolução das conformidades do processo

Fonte: Lima et al., 2014, p. 51.

Gráfico 1.3 – Satisfação dos clientes

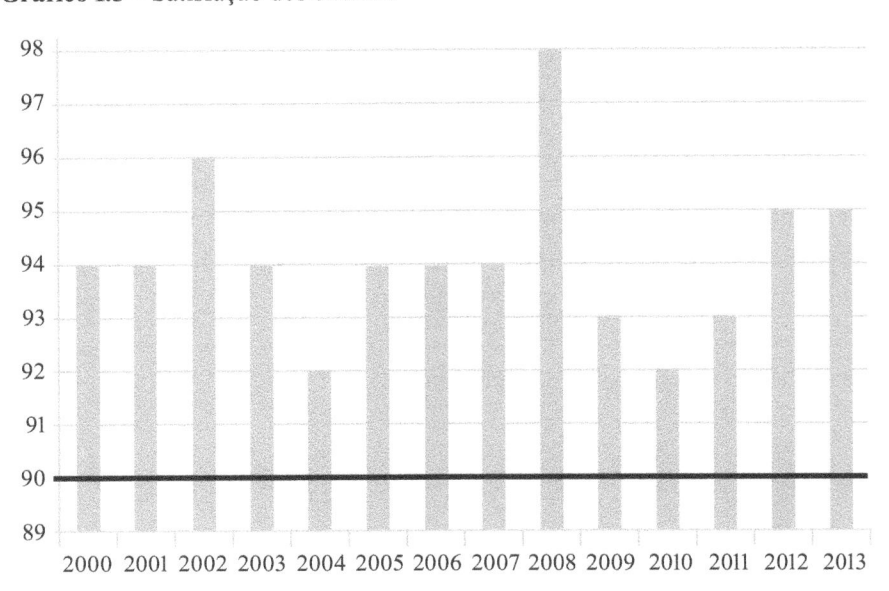

Fonte: Lima et al., 2014, p. 52.

A evolução nos indicadores de desempenho e as premiações conquistadas comprovam o fortalecimento da companhia no mercado e seu ganho em competitividade.

Em resumo:

- No primeiro estudo de caso, a folha de verificação foi aplicada para avaliar a prestação de serviços de higienização de um hospital, em um período de tempo; de modo simples, foi marcado um "X" nas observações feitas durante 10 dias.
- No segundo estudo de caso, a coleta de dados durou 18 semanas; foi utilizada uma folha de verificação mais elaborada, e as observações foram registradas em valores numéricos.
- No terceiro estudo de caso, apesar de não ter sido utilizada, a folha de verificação estava implícita no processo de coleta de dados e na observação; neste caso, a análise foi apresentada por meio de gráficos dos índices.

Esses casos evidenciam a importância da lista de verificação: com ela, os processos podem ser monitorados de maneira eficaz, o que torna possível a implementação de melhorias na produção ou na prestação de algum tipo de serviço, quando evidenciados os defeitos e suas causas.

SÍNTESE

Neste capítulo, apresentamos o conceito de controle estatístico e a definição de folha de verificação, uma das ferramentas usada no CEP.

Abordamos, ainda, o modo de trabalho e as formas de apresentação das listas de dados. Além disso, analisamos as etapas que devem ser seguidas para a utilização da folha de verificação, a fim de obter bons resultados na criação e na aplicação de *checklist*. Por fim, avaliamos a aplicabilidade da folha de verificação em estudos de casos, que demonstraram a importância de construir um *checklist* nas empresas, com o objetivo de melhorar tanto seu desempenho quanto a qualidade dos produtos oferecidos.

QUESTÕES PARA REVISÃO

1) A respeito da folha de verificação, assinale a alternativa que contém a resposta correta:

   a. Os dados devem ser verificados pela mesma pessoa e no mesmo local, para maior eficiência.
   b. Trata-se de uma planilha na qual se pode apenas relacionar os dados coletados, não sendo possível concluir a informação final, mesmo com a aplicação de outras ferramentas.
   c. A execução prática do documento com um levantamento real é uma das etapas do processo.
   d. É aplicada somente para avaliar onde ocorre um erro.
   e. É considerada uma lista, ou uma *checklist*, daquilo que precisa melhorado em determinado processo.

2) Analise as assertivas a seguir e indique V para as verdadeiras e F para as falsas:

   ( ) A folha de verificação é um gráfico formado por símbolos padronizados e ordenados.
   ( ) Toda lista em que se separam as causas e os problemas de um fenômeno é uma folha de verificação.
   ( ) A folha de verificação facilita a coleta e a análise de dados.
   ( ) A lista de verificação, ou *checklist*, pode ser impressa ou digital e corresponde a um quadro, a uma tabela ou a uma planilha.
   ( ) A folha de verificação é uma técnica pouco utilizada na gestão da qualidade, pois sua execução e sua interpretação apresentam alto grau de complexidade.

3) Avalie as sentenças seguintes sobre os objetivos de utilização da folha de verificação:

   I. Controlar a produção por meio de amostragens.
   II. Coletar informações que comprovem as causas de determinado defeito.
   III. Coletar dados sobre a frequência ou sobre os padrões de eventos, defeitos e localização de defeitos.

   As sentenças corretas são:

   a. apenas I.
   b. apenas I e II.
   c. apenas II e III.
   d. apenas I e III.
   e. I, II e III.

4) Sobre as etapas de utilização da folha de verificação, quais são os procedimentos iniciais?

5) Quais são os principais tipos de lista de verificação utilizados na qualidade?

Questões para reflexão

1) A folha de verificação busca sempre a qualidade do processo, sendo, portanto, benéfica. É possível aplicar um *checklist* em nossa própria casa? Como?

2) Dados são fatos e números coletados em uma pesquisa ou em um experimento. Explique como você faria uma pesquisa com os funcionários de uma fábrica de automóveis para melhorar o desenvolvimento e a *performance* dos produtos desenvolvidos.

Conteúdos do capítulo

- Amostragem.
- Estratificação.
- Estratificação como ferramenta.
- Outras estratégias de estratificação.

Após o estudo deste capítulo, você será capaz de:

1. conceituar amostragem;
2. descrever estratificação;
3. reconhecer a estratificação como uma ferramenta;
4. aplicar outras estratégias de estratificação.

2
Amostragem e estratificação

Neste capítulo, exporemos o conceito de estratificação, assunto relacionado com a forma de organizar as amostras.

De certa maneira, trabalhar com estatística significa fazer generalizações sensatas, ou seja, baseadas em amostras organizadas sobre determinadas populações.

A seguir, analisaremos os tipos de amostragem e de estratificação que podem ser utilizados para se obter as estimativas dos parâmetros que são de interesse do processo de análise.

2.1 Amostragem

A realização de uma pesquisa é motivada pelo interesse em encontrar uma resposta para determinado fenômeno. Por exemplo, identificar o candidato que tem a maior chance de ganhar as eleições, em uma disputa presidencial; o time de futebol que tem maior torcida; ou a comida mais apreciada e consumida em uma cidade. Então, basta escolher um local, começar a entrevista, anotar as respostas e analisar qual delas é a que mais aparece, certo? Não é tão simples assim.

É necessário levar em conta diversos fatores que podem influenciar o resultado, ou seja, a **forma** como a pesquisa será realizada e **quando** e **onde** ela será feita; isso significa escolher uma amostra de determinada população valendo-se de técnicas necessárias para se fazer inferências.

> O QUE É
>
> O termo *amostragem* significa análise de parte de uma população.

Uma **amostra** é qualquer subconjunto não vazio de unidades selecionadas da população para observação, com o fito de estimar os parâmetros de interesse. Por meio de uma amostra, é possível analisar parte do fenômeno observado, com o intuito de saber como a população se comporta, sem a necessidade de examinar toda a população. Vale ressaltar que a população pode ser de dois tipos: finita ou infinita. Uma **população finita** está relacionada com um número finito, ou fixo, de elementos, de medidas ou de observações; uma **população infinita**, por sua vez, tem uma quantidade infinita de elementos.

As amostragens podem ser do tipo com reposição e sem reposição. Na amostragem do tipo **com reposição**, cada elemento da população tem a chance de ser considerado mais de uma vez no processo de amostragem; já na amostragem do tipo **sem reposição**, o elemento da população não pode ser selecionado novamente no mesmo processo. Então, para escolher uma amostra de determinada população, pode-se aplicar técnicas capazes de garantir maior eficiência da pesquisa. Os principais tipos de amostragem são: aleatória simples; sistemática; conglomerada; e estratificada.

Amostragem aleatória simples

Este tipo de amostragem pode ser utilizado tanto de modo direto na seleção de uma amostra quanto indireto, ou seja, como parte de outros tipos de planos amostrais, a exemplo do que ocorre em uma amostragem estratificada. De início, é importante saber qual é o método usado para a seleção da amostra e qual é o tamanho dela. Na amostragem aleatória simples de uma população finita N, a quantidade de amostras diferentes possível de se obter é dada pelo número de combinação de n objetos, tomados de cada vez, ou seja: $C = \binom{N}{n}$ (Equação 2.1).

Exemplificando

1) Se a população finita tem um tamanho N = 50, e o tamanho da amostra que se pretende usar tem um tamanho n = 3, então a quantidade de amostras diferentes que pode ser extraída é:

$$C = \binom{N}{n} = \binom{50}{3} = \frac{50 \cdot 49 \cdot 48}{3!} = 19.600$$

Assim, há 19.600 maneiras diferentes de extrair uma amostra dessa população.

Considerando as diversas possibilidades de combinação de n tamanhos das amostras de uma população finita N, uma amostra será aleatória simples se uma amostra de tamanho n for extraída de uma população finita de tamanho N, e se cada uma das amostras tiver a mesma probabilidade de ser escolhida.

A escolha de uma amostra aleatória deve depender completamente do acaso. Por exemplo, pode-se escolher três números de um total de cinco (sendo de 1 a 5) e escrever todas as combinações possíveis (1, 2, 3), (1, 2, 4), (1, 2, 5), (1, 3, 4), (1, 3, 5), (1, 4, 5), (2, 3, 4), (2, 3, 5), (2, 4, 5), (3, 4, 5), garantindo, assim, a mesma chance para todas as amostragens. Também se pode escrever cada uma das combinações em pedaços de papéis, colocando-os, em seguida, em uma urna; depois, retira-se um pedaço de papel sem olhar seu conteúdo, ou seja, faz-se um sorteio.

Contudo, em uma situação na qual o número da população fosse alto, esse procedimento seria impraticável, pois, se os números estivessem no intervalo de 1 a 100, por exemplo, haveria $\binom{100}{3} = \frac{100 \cdot 99 \cdot 98}{3!} = 161.700$ combinações diferentes.

Para saber mais

A amostragem estratificada é uma ferramenta muito utilizada pelas empresas. Para fazer a estratificação, pode-se recorrer ao programa Excel, que ajuda no processo de resolução das contas a serem efetuadas. No vídeo indicado a seguir, explica-se como compor uma amostra estratificada utilizando o Excel:

AULA 5: amostragem estratificada no Excel. **Ed Academy**, 11 fev. 2020. Disponível em: <https://www.youtube.com/watch?v=fLHLDQX48EI>. Acesso em: 12 jan. 2023.

Na prática, seleciona-se uma amostra de determinada população sem relacionar todas as amostras possíveis; em seguida, escreve-se cada um dos elementos da população finita em um papel e extrai-se, por sorteio, a quantidade da amostra, um elemento por vez, sem reposição. Matematicamente, as probabilidades são as mesmas nessas condições.

O modo mais simples de se obter uma amostra aleatória simples de uma população finita é utilizar a seleção em números aleatórios, que normalmente são gerados por meio de calculadoras estatísticas ou de computadores.

Exemplificando

2) Uma escola escolherá 5 estudantes de uma turma de 12 alunos, para ajudar na organização da festa junina. Para isso, o professor de matemática da turma sugeriu a aplicação da amostragem aleatória simples de uma população finita, a fim de não favorecer nenhum dos alunos, que foram enumerados de 1 a 12, conforme a seguinte tabela:

Tabela A – Amostragem aleatória simples de uma turma de 12 alunos

i	1	2	3	4	5	6	7	8	9	10	11	12
Aluno	A	B	C	D	E	F	G	H	I	J	K	L

O número de combinações diferentes dos 12 alunos, em uma amostragem de tamanho 5, é:

$$C = \binom{12}{5} = \frac{12 \cdot 11 \cdot 10 \cdot 9 \cdot 8}{5!} = 792$$

Como o número de combinações diferentes possíveis é 792, o professor resolveu apenas escrever os números de 1 a 12 em pedaços de papel e sortear cindo deles. Os alunos sorteados foram: C, D, F, I e J.

Amostragem sistemática

Muitas vezes, a forma mais prática de extrair uma amostra de uma população consiste em fazer uma seleção aleatória para escolher o primeiro elemento e usar um intervalo fixo ou sistemático, selecionando os demais elementos até chegar ao tamanho da amostra desejada.

Por exemplo, em uma linha de montagem, escolhe-se uma peça e depois outra, em um intervalo de 50 peças; depois, outra peça, em mais um intervalo de 50 peças, e assim por diante. Esse tipo de amostragem é a sistemática. Note que, a cada 50 peças, seleciona-se uma delas para verificação; a peça inicial é escolhida aleatoriamente.

As amostras sistemáticas apresentam melhor relação se comparadas às amostras aleatórias simples, pois as amostras se dispersam de modo uniforme sobre toda a população, embora também possam apresentar algumas desvantagens, como a possível presença de periodicidades ocultas ou de resultados que apresentem tendências. Por exemplo: uma entrevista realizada com moradores de um bairro, em que tivesse sido escolhido um intervalo de 10 casas para sua realização e, ao longo de uma rua, fosse escolhida sempre uma casa de esquina.

A amostragem sistemática trabalha, assim, com elementos ordenados, cuja seleção é feita por intervalos de amostragem k, em que cada elemento, chamado de x, é selecionado a partir de um primeiro elemento, escolhido aleatoriamente. Assim, uma amostra de n elementos de uma população de tamanho N – k deve ser menor ou igual a N/n, em que N é a população, e n é o número de elementos desejados. Quando o tamanho da população não é conhecido, não é possível determinar o valor de k; nesse caso, pode-se supor um valor para k, o que possibilita obter uma amostra significativa em relação a uma amostragem de tamanho n.

Para aplicar uma seleção de amostragem sistemática, é preciso seguir estes passos:

1. Determinar o intervalo da amostragem. A fórmula aplicada para estabelecer o intervalo é dada por $k = \dfrac{N}{n}$ (Equação 2.2), em que N é o tamanho da população, e n é o tamanho da amostra. Quando o resultado é um número não inteiro, ele deve ser arredondado para inteiro menor.
2. Escolher aleatoriamente o elemento que será o primeiro da amostra, chamado de b, de modo que: $0 < b < k$.
3. Escolher os demais elementos seguindo o critério: primeiro item = b; segundo item = b + k; terceiro item = b + 2k; e assim sucessivamente.

Exemplificando

3) Uma empresa resolveu selecionar uma amostragem das peças fabricadas para checar possíveis defeitos. Assim, a cada lote de 1.000 peças que são colocadas em ordem de fabricação, uma amostra de 5 peças será escolhida.

Primeiro, foi determinado o intervalo da amostragem, em que N = 1.000 é o tamanho da população, e n = 5 é o tamanho da amostra, ficando

$$k = \dfrac{N}{n} = \dfrac{1.000}{5} = 200.$$

Segundo, escolheu-se o primeiro elemento da amostra de modo aleatório, tal que $0 < b < 200$. Por sorteio, o número escolhido entre 0 e 200 foi o 98.

Por fim, no terceiro passo, os demais elementos seguiram o critério: segunda peça = 98 + 200; terceira peça = 98 + 2 · 200; e assim sucessivamente. Dessa forma, as peças selecionadas são amostra: {98, 298, 498, 698, 898}.

Amostra conglomerada

Na amostragem por conglomerado, a população total é dividida em vários pequenos grupos, e alguns desses grupos, ou conglomerados, são escolhidos de maneira aleatória para integrar a amostra total. Quando os conglomerados se referem a grupos geográficos, são denominados *amostragem por área*.

Nesse tipo de amostragem, também se aplica a amostra aleatória simples: é preciso especificar, de modo apropriado, como será a formação dos conglomerados e, no caso dos conglomerados selecionados, especificar todos os elementos que fazem parte da amostra. De maneira geral, os elementos de determinado grupo ou conglomerado tendem a ter características parecidas.

Normalmente, as análises e estimativas baseadas nesse tipo de amostragem não são tão confiáveis quando comparadas às amostragens aleatórias simples que tenham o mesmo tamanho, porém, em muitos casos, são mais confiáveis por custo unitário.

Exemplificando

4) O diretor de uma escola deseja conhecer a opinião dos alunos que frequentam os projetos oferecidos pela instituição sobre a proposição de novas datas e horários para os encontros. Essa amostra pode ser feita por conglomerado, modalidade em que é possível entrevistar alguns ou todos os alunos dos projetos, escolhidos aleatoriamente.

Amostra estratificada

Uma amostragem estratificada é um processo que separa uma população em grupos, chamados de *estratos*, os quais, geralmente, têm uma mesma característica quanto à variável de interesse. Faz-se uma seleção de amostras em relação a cada estrato, de modo independente, sendo a amostra final a soma das amostras de cada estrato.

Exemplificando

5) Considere que, em uma sala de aula com 40 alunos, o professor realizará uma pesquisa sobre o peso médio dos estudantes. O professor resolveu fazer a pesquisa com apenas 25% da turma. Sabendo que há 20 meninos e 24 meninas, separou-os em dois grupos, por gênero. O professor, então, tabulou os dados:

Tabela B – Amostragem estratificada de uma turma de 40 alunos

Grupo	População	25%	Amostra
F	24	6	6
M	20	5	5
Total	44	11	11

Assim, o professor escolherá 6 alunas e 5 alunos para realizar a pesquisa.

De modo prático, é possível usar mais de um dos métodos de amostragem que citamos; dependendo do fenômeno estudado, pode-se aplicar até mais de uma forma ao mesmo tempo.

2.2 Estratificação

Como já enunciamos, a estratificação é um processo que consiste em dividir uma população em certo número de subpopulações, chamadas *estratos* ou *camadas*; após a estratificação, é obtida uma amostra de cada estrato. Esse processo é aplicado quando são trabalhados dados sobre a formação de uma população, o que proporciona uma eventual melhoria da amostragem aleatória.

Quando o processo usado na seleção dos elementos para compor a amostra é aleatório simples e resolve-se fazer também uma estratificação, então a amostragem é chamada de *aleatória estratificada simples*.

O propósito de estratificar uma amostra é dividir a população de tal forma a se obter a relação entre os fatos de a resposta procurada no estudo estatístico estar em determinado estrato e, dentro de cada estrato, verificar-se tanta uniformidade entre os elementos quanto possível. Por exemplo, pode-se separar uma população entre os sexos feminino e masculino com o intuito de determinar a variação do peso médio de cada indivíduo ou separar o grupo por altura, com o objetivo de avaliar a variação da altura média desses indivíduos considerados. Quando o tamanho das amostras dos diferentes estratos é proporcional ao tamanho dos estratos, diz-se que se trata de uma *alocação proporcional*. Isso significa que:

- se dividiu uma população que tem um tamanho N em k estratos de tamanhos N_1, N_2, N_3, ..., N_k;
- obteve-se uma amostra de tamanho n_1 do primeiro estrato, uma amostra de tamanho n_2 do segundo extrato, e assim por diante;
- aplicou-se a razão, tal que

$$\frac{n_1}{N_1} = \frac{n_2}{N_2} = \ldots = \frac{n_k}{N_k} \quad \text{(Equação 2.3); ou}$$

- obtiveram-se razões aproximadamente iguais.

Exemplificando

6) Uma empresa produz 4.000 peças por mês e deseja obter uma amostra estratificada, que tenha a forma de uma alocação proporcional, com um tamanho n = 60, de modo que três estratos tenham os tamanhos:

$$\begin{cases} N_1 = 2.000 \\ N_2 = 1.200 \\ N_3 = 800 \end{cases}$$

Para obter a alocação proporcional desejada, efetua-se

$$\frac{n_1}{N_1} = \frac{n_2}{N_2} = \ldots = \frac{n_k}{N_k} \rightarrow \frac{n_1}{2.000} = \frac{n_2}{1.200} = \frac{n_3}{800}$$

Analisando a primeira igualdade, chega-se a:

$$\frac{n_1}{2.000} = \frac{n_2}{1.200} \rightarrow n_1 = \frac{n_2}{1.200} \cdot 2.000 \rightarrow n_1 = \frac{5}{3}n_2$$

Analisando a segunda igualdade, tem-se que:

$$\frac{n_1}{2.000} = \frac{n_3}{800} \rightarrow n_1 = \frac{n_3}{800} \cdot 2.000 \rightarrow n_1 = \frac{5}{2} \rightarrow n_3$$

Por fim, analisando a terceira igualdade:

$$\frac{n_2}{1.200} = \frac{n_3}{800} \rightarrow n_2 = \frac{n_3}{800} \cdot 1.200 \rightarrow n_2 = \frac{3}{2} \rightarrow n_3$$

Como a amostra é igual a 60, a soma das amostras de cada estrato deve ser igual a 60, logo:

$60 = n_1 + n_2 + n_3$

Substituindo as igualdades em termos de n_1:

$$60 = n_1 + \frac{3}{5}n_1 + \frac{2}{5}n_1 \rightarrow 60 = 2n_1 \rightarrow n_1 = 30$$

Com o valor de n_1, é possível encontrar os demais valores:

$$n_1 = \frac{5}{3}n_2 \rightarrow 30 = \frac{5}{3}n_2 \rightarrow n_2 = 18$$

e

$$n_1 = \frac{5}{2}n_3 \rightarrow 30 = \frac{5}{2}n_3 \rightarrow n_3 = 12.$$

Existem, ainda, outras formas de alocar porções de uma amostra a estratos diferentes, como é o caso da **alocação ótima**, na qual se leva em consideração não apenas o tamanho dos estratos, mas também a variabilidade verificada nos estratos. O conceito de estratificar, portanto, não se restringe a uma única variável de classificação, ou seja, a uma única característica; há casos, por exemplo, em que as populações são estratificadas de acordo com características diversas.

2.2.1 Estratificação como ferramenta

A estratificação é uma das sete ferramentas da qualidade, cujo objetivo é separar os dados levantados em grupos distintos, a fim de evitar que dados de diferentes fontes sejam tratados sem distinção. Em geral, ela é usada na organização de dados para análises futuras, pois serve à identificação do problema e à avaliação do desempenho de determinado processo.

Pode ser classificada em três tipos: (1) quanto ao tempo; (2) quanto ao local; e (3) quanto ao indivíduo.

Na **estratificação por tempo**, o propósito é avaliar, por exemplo, se os resultados apresentam diferença no período da manhã, no período da tarde e no período da noite. Já na **estratificação por local**, o interesse é avaliar se os resultados do processo variam de acordo com o local em que os dados foram colhidos. Por fim, na **estratificação por indivíduo**, avalia-se se os resultados dependem do funcionário responsável por sua produção. Perceba que, quando é detectado o problema de um processo, a estratificação age diretamente na causa, ajudando na descoberta de possíveis soluções.

A estratificação pode ser aplicada a diferentes áreas e para diversos fins, tais como:

- análise dos dados coletados, objetivando melhorias;
- distribuição dos elementos em grupos, a fim de facilitar a identificação da atuação desses elementos e de seus defeitos;
- separação de elementos, visando à definição de padrões;
- estratégia para a comprovação efetiva do problema.

Exemplificando

7) Um exemplo de aplicação da estratificação como ferramenta de qualidade é o contexto situacional de fábricas, supermercados e restaurantes.
    Suponha que, apesar dos bons resultados apresentados pela empresa, o dono de um supermercado tenha tomado conhecimento de boatos sobre demissões em massa e crise financeira, tendo presenciado, até mesmo, algumas desavenças entre os colaboradores.

    Esse não é um cenário raro de se encontrar, não é mesmo? Então, uma pergunta que o dono do supermercado poderia começar a se fazer é: como agir?

    Nesse caso, é aconselhável começar a analisar cada setor da empresa, separadamente, investigando os motivos que levaram esses rumores a se espalhar pelo ambiente corporativo. Ao aplicar a estratificação como ferramenta de qualidade, há maiores chances de se encontrar o motivo, e a solução do problema pode ser identificada de forma simples: o que falta talvez seja melhorar a comunicação interna e a transparência da equipe, a fim de promover maior interação dos setores entre si, motivando a atuação dos colaboradores.

Outro caso, talvez ainda mais comum, é o que se refere a acidentes de trabalho em empresas. Imagine que o gestor de uma fábrica tenha observado, em suas planilhas, o aumento do número de acidentes de trabalho, nos últimos meses, no ambiente laboral. Com a aplicação da estratificação como ferramenta da qualidade, todos os setores da empresa foram separados; após algum tempo, foi possível verificar que o problema estava no setor A, cujos funcionários estavam encarregados pelo recebimento de novas mercadorias. Nesse setor, único da fábrica com piso escorregadio, foram registrados, na estratificação, os índices mais altos de acidentes de trabalho ocorridos na empresa, correspondendo à quase totalidade dos valores obtidos. A solução encontrada, portanto, foi a troca do piso por um antiderrapante, aumentando, assim, a segurança do local.

8) Outra possibilidade de aplicação da estratificação como ferramenta da qualidade ocorre quando o gestor de um supermercado pretende fazer uma análise do número de pessoas que entram na loja; do número de mercadorias que são vendidas; e do turno do dia em que é efetuado o maior número de vendas, no período de uma semana. Após a coleta das informações, o responsável pela estratificação apresenta a seguinte tabela:

Tabela C – Número de pessoas × período de ocorrência

Manhã			Tarde			Noite		
	Pessoas (n.)	Vendas		Pessoas (n.)	Vendas		Pessoas (n.)	Vendas
1	20	32	1	41	55	1	71	87
2	12	14	2	42	46	2	78	94
3	18	23	3	68	62	3	89	97
4	16	33	4	56	66	4	92	118
5	12	32	5	57	59	5	97	100
6	18	21	6	44	61	6	122	145
7	19	12	7	49	51	7	102	133

De posse dessas informações, o gestor pode, então, providenciar melhorias e estratégias, a fim de aumentar o volume de vendas nos períodos em que a quantidade de produtos vendidos foi menor.

Os exemplos apresentados são fictícios, mas muitas situações reais assemelham-se a esses casos. Quando a estratificação como ferramenta da qualidade é bem aplicada, a tendência é que resultados muito bons sejam alcançados pelas empresas.

Portanto, pretendendo isolar o problema e encontrar a solução de modo fácil, é comum que gestores e empresários adotem essa ferramenta da qualidade sempre que percebem um novo problema.

2.2.2 Outras estratégias de estratificação

Além dos tipos de estratificação que expusemos na seção anterior, há outras técnicas e ferramentas que podem ser usadas na estratificação dos dados coletados, como a estratificação cruzada e a amostragem estratificada ótima, as quais detalharemos a seguir.

A **estratificação cruzada** aumenta a precisão, ou seja, a confiabilidade das estimativas e outras generalizações, sendo muito aplicada à amostragem de opinião e à pesquisa de mercado.

Exemplificando

9) Intenciona-se realizar uma pesquisa no sistema escolar para determinar o posicionamento dos estudantes quanto a um novo plano de pagamento para cinco faculdadesem certa cidade. Ao se proceder á estratificação, a amostra pode ser feita contemplando essas faculdades e levar em conta os conceitos dos alunos por turma, sexo ou curso. Assim, as amostras podem ser separadas em: cursos de Engenharia e cursos de Letras; calouros homens e calouras mulheres etc.

A **amostragem por quotas** geralmente é um processo conveniente e barato; muitas vezes, é colocada em prática de tal forma que as amostras resultantes não apresentam características essenciais de amostras aleatórias. Isso significa, por exemplo, que os entrevistadores, ao selecionar indivíduos para a pesquisa, tendem a buscar pessoas mais disponíveis, como aquelas que trabalham no mesmo edifício ou as que moram em uma mesma rua.

A **amostragem estratificada ótima** implica a existência, em cada estrato, de um número de elementos proporcional ao número de elementos do estrato, que, por sua vez, também será proporcional à variação da variável de interesse, sendo determinada pelo desvio-padrão. Dessa forma, otimiza-se a obtenção de informações sobre a população, a fim de avaliar onde a variação é menor e onde uma quantidade menor de elementos é necessária para caracterizar o comportamento da variável. Com isso, obtém-se certa quantidade de informação com menos elementos da amostra, sendo equivalente ao resultado obtido nos demais casos. Vale assinalar que uma das dificuldades de aplicar essa técnica consiste na impossibilidade de determinação prévia do desvio-padrão da variável nos diversos estratos.

Se os desvios-padrão são representados por $\sigma_1, \sigma_2, \ldots, \sigma_k$ os k estratos, então é possível considerar tanto as diferenças de tamanho dos estratos quanto as diferenças de variabilidade, desde que se satisfaça à igualdade:

$$\frac{n_1}{N_1\sigma_1} = \frac{n_2}{N_2\sigma_2} = \ldots = \frac{n_k}{N_k\sigma_k} \quad \text{(Equação 2.4)}$$

Logo, para uma alocação ótima, os tamanhos das amostras são dados por:

$$n_i = \frac{n \cdot N_i \cdot \sigma_i}{N_1\sigma_1 + N_2\sigma_2 + \ldots + N_k\sigma_k} \quad \text{(Equação 2.5)}$$

Em que: $i = 1, 2, \ldots, k$. Quando necessário, arredonda-se o valor para o inteiro mais próximo.

Exercícios resolvidos

1) Considere que uma amostra de tamanho $n = 100$ tenha sido retirada de uma população N. Sabendo que a população foi separada nos estratos $N_1 = 10.000$, $N_2 = 30.000$ e que os desvios-padrão dos estratos são $\sigma_1 = 70$ e $\sigma_2 = 60$, qual é o tamanho da amostra que deve ser extraída de cada um dos estratos para se obter uma alocação ótima?

Resolução

Adota-se a equação a seguir para determinar a alocação ótima; substituindo os valores, encontra-se:

$$n_i = \frac{n \cdot N_i \cdot \sigma_i}{N_1\sigma_1 + N_2\sigma_2 + \ldots + N_k\sigma_k} \quad \text{(Equação 2.5)}$$

$$n_2 = \frac{n \cdot N_2 \cdot \sigma_2}{N_1\sigma_1 + N_2\sigma_2}$$

$$n_2 = \frac{100 \cdot 30.000 \cdot 60}{10.000 \cdot 70 + 30.000 \cdot 60}$$

$$n_2 = \frac{180.000.000}{700.000 + 1.800.000}$$

$$n_2 = 72$$

Como o tamanho total da amostra é igual a 100, então:

$n = n_1 + n_2$.
$100 = n_1 + 72$
$n_1 = 100 - 72$
$n_1 = 28$

Resposta

Deve-se extrair uma amostra de 28 elementos do estrato N_1 e 72 amostras referentes ao estrato N_2.

O método de alocação ótima foi proposto por Jerzy Neyman (1884-1981), em 1934; no mesmo artigo em que propôs as bases da amostragem probabilística, Neyman definiu a amostragem estratificada e indicou a maneira ótima de alocar amostras nos estratos.

2.3 Estudos de caso

Na sequência, abordaremos alguns estudos de caso em que foram aplicadas amostragens estratificadas.

Estudo de caso I

Amostragem estratificada

No artigo "Amostragem estratificada: um estudo de caso", Oliveira (2013) apresenta um conjunto de dados que recebeu a aplicação da amostragem complexa do tipo estratificada proporcional ao tamanho por estado. Foram considerados, nesse caso, as seguintes variáveis: enxergar; ouvir; mover; mental; nível de instrução; renda categorizada; sexo e estado civil. No desenvolvimento da pesquisa, foram aplicadas técnicas, como: análise por correspondência; teoria de resposta ao item; e modelagem de equações estruturais.

Esse estudo de caso foi embasado nos dados do Censo Demográfico de 2010 para o Brasil, obtidos por meio do questionário da amostra, formado por 20.800.804 pessoas entrevistadas. Foram empregados dois tipos de questionário: (1) o básico, aplicado a todas as unidades domiciliares; e (2) o de amostra, ou completo, aplicado a todas as unidades domiciliares selecionadas para a amostra, sendo possível abranger outras características importantes do domicílio, além das informações sociais, econômicas e demográficas de seus moradores.

Com o intuito de avaliar a inclusão de pessoas com deficiência, foi preciso estimar, para cada uma das diferentes deficiências, a quantidade de pessoas que se encontravam nessas condições, a forma como viviam e onde moravam. Desse modo, utilizando-se os dados do Censo Demográfico de 2010, cujas questões relacionadas às pessoas com deficiência foram aplicadas no questionário da amostra, foi possível identificar as deficiências visual, auditiva e motora, assim como o grau de severidade, tanto por meio da percepção da população sobre essas dificuldades quanto da declaração daqueles que têm deficiência mental ou intelectual.

Com base no Censo Demográfico de 2010 do Instituto Brasileiro de Geografia e Estatística (IBGE), estima-se que, no Brasil, 45.606.048 pessoas têm pelo menos uma deficiência permanente, o que corresponde a aproximadamente 23,9% de toda a população brasileira (IBGE, 2011).

É importante observar que, nesse estudo de caso, o autor calculou a proporção, por nível e por tamanho amostral, das seguintes variáveis: estado; sexo; deficiência visual; deficiência auditiva; deficiência locomotora; e deficiência mental. Também foi calculada a distância euclidiana ao quadrado entre o conjunto formado pelo total e para cada um dos conjuntos por cada um dos tamanhos amostrais que foram aleatorizados em uma distribuição uniforme (0,1), ordenada por estado e valor dessa distribuição, sendo: 10.000, 20.000, 30.000, 40.000, 50.000, 60.000, 70.000,0 80.000 e 90.0000.

Para o número total de 20.800.804 pessoas entrevistadas, foi elaborada a tabela de proporções por sexo (Tabela 2.1). As menores distâncias em relação ao total é zero, exceto para os casos de tamanho amostral 50.000 e 60.000.

Tabela 2.1 – Valores de proporções por sexo para cada um dos diferentes tamanhos amostrais

Sexo	Total*	10000	20000	30000	40000	50000	60000	700000	800000	900000
Masculino	49,6	49,5	49,6	49,5	49,5	49,4	49,5	49,5	49,5	49,6
Feminino	50,4	50,5	50,4	50,5	50,5	50,6	50,5	50,5	50,5	50,4
Desvio		0,0	0,0	0,0	0,0	0,1	0,1	0,0	0,0	0,0

Fonte: Oliveira, 2013, p. 1.

As Tabelas 2.2, 2.3 e 2.4, a seguir, contêm os valores de proporção, respectivamente, por deficiência visual, auditiva e locomotora, sendo adotada a seguinte legenda:

1. Sim, não consegue de modo algum.
2. Sim, grande dificuldade.
3. Sim, alguma dificuldade.
4. Não, nenhuma dificuldade.

Tabela 2.2 – Valores de proporções por visual para cada um dos diferentes tamanhos amostrais

Visual	Total	10000	20000	30000	40000	50000	60000	700000	800000	900000
1	0,2	0,3	0,3	0,2	0,2	0,2	0,2	0,2	0,2	0,2
2	3,3	3,3	3,3	3,3	3,3	3,3	3,3	3,3	3,3	3,3
3	15,1	15,9	15,6	15,5	15,5	15,3	15,2	15,2	15,1	15,2
4										
Desvio		1,2	0,5	0,4	0,3	0,1	0,0	0,0	0,0	0,0

Fonte: Oliveira, 2013, p. 1.

Tabela 2.3 – Valores de proporções por auditiva para cada um dos diferentes tamanhos amostrais

Auditiva	Total	10000	20000	30000	40000	50000	60000	700000	800000	900000
1	0,2	0,2	0,3	0,2	0,2	0,2	0,2	0,2	0,2	0,2
2	1,0	0,9	1,0	1,0	1,0	1,0	1,0	1,0	1,0	1,0
3	4,1	4,1	4,1	4,1	4,1	4,1	4,1	4,1	4,1	4,1
4										
Desvio		0,0	0,1	0,0	0,0	0,0	0,0	0,0	0,0	0,0

Fonte: Oliveira, 2013, p. 1.

Tabela 2.4 – Valores de proporções por locomotora para cada um dos diferentes tamanhos amostrais

Locomotora	Total	10000	20000	30000	40000	50000	60000	700000	800000	900000
1	0,4	0,4	0,4	0,4	0,4	0,4	0,4	0,4	0,4	0,4
2	2,0	1,8	2,0	2,0	2,0	2,0	2,0	2,0	2,0	2,0
3	4,7	5,0	4,8	4,9	4,9	4,9	4,8	4,8	4,8	4,7
4										
Desvio		0,1	0,0	0,1	0,1	0,1	0,0	0,0	0,0	0,0

Fonte: Oliveira, 2013, p. 1.

A Tabela 2.2 mostra que as menores distâncias foram encontradas para tamanhos amostrais de 60.000 a 90.000. Na Tabela 2.3, por sua vez, as menores distâncias foram encontradas para tamanhos amostrais de 10.000 e entre 30.000 e 90.000. Já na Tabela 2.4, as menores distâncias foram encontradas para tamanhos amostrais de 10.000 e entre 30.000 e 90.000. Vale ressaltar que, quanto menor for o tamanho amostral, mais fácil será a aplicação de outras técnicas, e quanto maior for o tamanho amostral, melhor tenderá a ser a qualidade do ajuste.

O autor desse estudo de caso concluiu, então, que a distância euclidiana ao quadrado entre as proporções obtidas, para o conjunto total e pelos conjuntos formados pelos diferentes tamanhos amostrais, é mínima. Assim, para a continuidade das análises, é possível utilizar o tamanho amostral 10.000, aleatorizado por estado, sexo e diferentes deficiências.

Estudo de caso II

Amostragem por área

O relatório intitulado *Amostragem por área: sistematização e aplicação*, de Simões (2017), apresentou um caso de uso de amostragem por área a partir da composição proporcional de indivíduos do sexo feminino e do sexo masculino referente às salas de aula da Universidade de Brasília (UnB), no período matutino.

As imagens de satélite seguintes (Figuras 2.1 e 2.2) foram obtidas, segundo o autor, para possibilitar a seleção dos conglomerados, sendo considerados, na ocasião da pesquisa, os blocos dedicados às salas de aula, o que resultou em um total de seis blocos.

Figura 2.1 – Foto de satélite da Universidade de Brasília

Figura 2.2 – Blocos considerados no estudo em ênfase

Os blocos, chamados de *BAES*, *BSAN*, *BSAS*, *ICC*, *PAT* e *PJC*, são bastante distintos entre si. A imagem de satélite mostra que as ruas constituem as características geográficas, observáveis pelo pesquisador em campo, que delimitam a área de cada um dos conglomerados, além dos próprios limites físicos dos edifícios.

Foram solicitados à secretaria do Departamento de Estatística da UnB os dados sobre o número de matrículas do segundo semestre de 2017 com vista à realização de estimavas acerca da quantidade de salas de aula e de alunos em cada um dos blocos, conforme Registrado na Tabela 2.5.

Tabela 2.5 – Distribuição de salas de aula por localidade, com respectivas probabilidades de seleção e pesos amostrais (valores aproximados)

Local	Quantidade de salas	Probabilidade da seleção	Peso
BAES	1	0,016	63,333
BSAN	18	0,284	3,519
BSAS	45	0,711	1,407
ICC	65	1,026	0,974
PAT	30	0,474	2,111
PJC	31	0,489	2,043
Total	190		

Fonte: Simões, 2017, p. 50.

A probabilidade de seleção do local e o peso foram determinados por:

- Probabilidade = 3× (quantidade de sala de aula) / (quantidade total de salas)
- Peso = 1 / (probabilidade)

Na Tabela 2.5, é possível observar que a probabilidade de seleção do bloco ICC apresentou resultado maior do que 1, o que é considerado um contrassenso conforme os conceitos de probabilidade; a interpretação desse valor é a de que o bloco ICC é muito grande. De acordo com o resultado da tabela em questão, o bloco BAES é muito pequeno, ao passo que o bloco ICC é muito grande; a solução, então, foi unir o BAES e o BSAN em um único bloco e dividir o ICC em dois blocos menores. Dessa forma, foi feito um novo conjunto de dados, representado na Tabela 2.6.

Tabela 2.6 – Distribuição de salas de aula por localidade, com respectivas probabilidades de seleção e pesos amostrais (valores aproximados) para a nova divisão

Local	Quantidade de salas	Probabilidade da seleção	Peso
BSAN(BAES)	19	0,300	3,333
BSAS	45	0,711	1,407
ICC lado A	26	0,411	2,436
ICC lado B	39	0,616	1,624
PAT	30	0,474	2,111
PJC	31	0,489	2,043
Total	190		

Fonte: Simões, 2017, p. 52.

Também foram escolhidas aleatoriamente as salas de aula que deveriam ser observadas – as quais foram enumeradas utilizando-se a tabela de números aleatórios. As observações foram feitas do lado de fora das salas – pela janela da porta ou de modo direto nos casos em que a porta estava aberta. Os resultados das observações estão dispostos na Tabela 2.7.

Tabela 2.7 – Distribuição de salas de aula por localidade, com respectivas probabilidades de seleção e pesos amostrais (valores aproximados) para a nova divisão

Bloco	Código da sala	Sexo feminino	Sexo masculino
BSAN(BAES)	A1 07/19	2	0
BSAN(BAES)	A1 21/41- A1 29/41	10	27
BSAN(BAES)	A1 51/41- A1 58/41	32	28
BSAN(BAES)	A1 60/90	4	10
BSAN(BAES)	AT 41/41- AT 45/41	16	23
BSAN(BAES)	AT 09/41	19	18
BSAN(BAES)			
	AT 037	8	11
PAT	AT 085	8	6
PAT	AT 133	15	18
PAT	AT 124	18	13
PAT	AT 068	3	4
PAT	AT 028	2	18
PAT	AT 005	16	2
PAT	AT 069	9	12
PJC	AT 117	2	21
PJC	AT 140	2	4
PJC	AT 100	14	5
PJC	AT 044	0	2
PJC			
PJC			
PJC			
Total		180	222

Fonte: Simões, 2017, p. 64.

Ao término da aula, foram realizadas as observações à medida que as pessoas deixavam o local, tendo sido registrados 222 alunos do sexo masculino e 180 alunas do sexo feminino, portanto a amostra teve um total de 402 alunos. A quantidade de alunos da população total era de 28.452; destes, 14.566 eram do sexo feminino e 13.886 do sexo masculino.

As proporções populacionais obtidas foram:

- Feminino = 14.556 / 28.452 = 0,512
- Masculino = 13.886 / 28.452 = 0,488

A proporção amostral foi:

- Feminino = 180 / 402 = 0,448
- Masculino = 222 / 402 = 0,552

A proporção de alunos do sexo feminino observada na amostra foi menor do que a respectiva proporção populacional. Talvez uma das razões que explique esse dado seja o fato de que os blocos visitados têm mais aulas de disciplinas voltadas para os cursos da área de exatas, os quais costumam apresentar mais alunos do sexo masculino.

Síntese

Iniciamos este capítulo com a definição de *amostragem*, que representa qualquer subconjunto não vazio de unidades selecionadas da população que será observada, ou seja, constitui uma parte do todo com a qual é possível analisar parte de um fenômeno. Também analisamos os tipos de amostragem, como a amostragem por estratificação, processo no qual se divide uma população em grupos.

Abordamos, ainda, a estratificação, conhecida como uma das sete ferramentas da qualidade e que pode ser classificada em três tipos: tempo, local e indivíduo.

Por fim, destacamos a utilidade dessa ferramenta, bem como as formas de sua utilização e aplicação, verificadas em estudos de caso.

Questões para revisão

1) Sobre o conceito de amostragem, assinale a alternativa correta:

   a. Uma amostra é qualquer subconjunto, que pode ser vazio, ou não, de variáveis selecionadas de uma população para observação.
   b. Amostragem significa analisar parte de uma população.
   c. Os principais tipos de amostragens são: aleatória simples, temática, conglomerada e ótima.
   d. Nas amostragens, todas as amostras têm a mesma probabilidade de ser escolhidas.
   e. As amostras sistemáticas apresentam melhor desempenho quando comparadas aos demais tipos de amostragem.

2) Analise as assertivas a seguir e indique V para as verdadeiras e F para as falsas:

   ( ) Na amostragem por conglomerado, a população total é dividida em vários grupos pequenos e alguns deles são escolhidos de forma aleatória para integrar a amostra total.

( ) Uma amostragem estratificada é um processo em que se separa uma população em dois grupos distintos e é escolhido apenas um deles para integrar a amostra total.

( ) É possível utilizar mais de um dos métodos de amostragem, dependendo do fenômeno estudado, ao mesmo tempo.

( ) A estratificação, processo no qual se divide uma população em certo número de subpopulações, é aplicada somente quando se tem um número infinito de população.

( ) A alocação ótima é considerada o melhor tipo de estratificação, já que leva em consideração somente o tamanho dos estratos.

3) Avalie as seguintes sentenças sobre os objetivos de utilização da estratificação.

I. Analisar os dados para encontrar possíveis melhorias.
II. Coletar informações em grupos para identificar sua atuação e seus defeitos com mais facilidade.
III. Separar os elementos para encontrar padrões.

As sentenças corretas são:

a. apenas I.
b. apenas I e II.
c. apenas II e III.
d. apenas I e III.
e. I, II e III.

4) A estratificação é uma das sete ferramentas da qualidade, que separa os dados levantados em grupos distintos. Quais são os tipos de estratificação e as respectivas finalidades?

5) Qual é a principal dificuldade enfrentada na realização da amostragem estratificada ótima?

Questões para reflexão

1) Exemplifique um caso simples de aplicação da estratificação a uma pequena empresa ou até mesmo ao contexto residencial, com o objetivo de encontrar padrões que sejam considerados na solução de problemas.

2) Cite um exemplo de como uma aplicação de estratificação por indivíduo pode ser usada em uma escola.

Conteúdos do capítulo

- Construção do diagrama de Pareto.
- Utilização do diagrama de Pareto e recomendações.
- Construção do diagrama de causa e efeito.
- Combinação do diagrama de Pareto e do diagrama de causa e efeito.

Após o estudo deste capítulo, você será capaz de:

1. construir e aplicar o diagrama de Pareto;
2. construir e aplicar o diagrama de causa e efeito;
3. aplicar a combinação do diagrama de Pareto e do diagrama de causa e efeito em um caso concreto.

3
Diagrama de Pareto e diagrama de causa e efeito

Neste capítulo, descreveremos a construção e o uso dos diagramas de Pareto e de causa e efeito.

Em 1897, o economista italiano Vilfredo Pareto (1848-1923) desenvolveu métodos para estudar e descrever a distribuição desigual das riquezas em seu país. Em seus estudos, concluiu que 20% da população detinha 80% das riquezas produzidas, e os 20% restantes da riqueza estavam distribuídos entre os 80% da população. Assim, com a aplicação dessa lógica a diferentes contextos, o princípio de Pareto tornou-se conhecido pela proporção 80-20, sendo uma das sete ferramentas da qualidade.

Já o diagrama de causa e efeito foi originalmente proposto pelo químico e professor Kaoru Ishikawa (1915-1989), razão pela qual recebe também o nome *diagrama de Ishikawa*. Em 1953, Kaoru agrupou, de modo sistemático, diferentes fatores que causavam variações em determinada característica da qualidade, o que simplificou a análise, proporcionando uma fácil compreensão do processo. Essa técnica, que ficou conhecida como *técnica de espinha de peixe*, passou a ser adotada para avaliar as causas de outros tipos de problemas em diferentes áreas e contextos.

A seguir, apresentaremos as técnicas e a forma de aplicação desses diagramas, a partir de procedimentos básicos, exemplificados em estudos de caso.

3.1 Diagrama de Pareto

Para identificar e descrever problemas que podem surgir como defeitos e falhas em determinado processo, recorre-se a diferentes ferramentas da qualidade, como o diagrama de Pareto, que auxilia no reconhecimento das causas mais relevantes dos problemas encontrados, viabilizando definir o problema prioritário a ser resolvido.

O diagrama de Pareto é um método gráfico que possibilita a apresentação ordenada de dados de acordo com o tamanho, a relevância ou a prioridade dessas informações.

3.1.1 Construção do diagrama de Pareto

Para elaborar o diagrama de Pareto adequadamente, é recomendável seguir estas etapas:

1. **Coleta de dados**: corresponde à fase de seleção do problema a ser investigado ou dos tipos de defeitos a serem comparados, podendo-se utilizar uma folha de verificação para a coleta dos dados.
2. **Organização dos dados**: nesta etapa, os dados coletados são organizados em uma tabela, em ordem decrescente de categorias; os elementos menos expressivos são agrupados em uma categoria que pode ser identificada como *outros*, ao final da lista.
3. **Cálculo dos porcentuais**: nesta fase, é determinada a relação entre a quantidade do item e o total para todas as categorias que foram determinadas.
4. **Cálculo dos porcentuais acumulados**: faz-se, nesse momento, a soma sucessiva dos percentuais encontrados até a última categoria, totalizando 100%.
5. **Elaboração do gráfico**: inicia-se traçando duas linhas verticais e, entre elas, uma horizontal – o eixo vertical esquerdo representa as quantidades, graduado de zero até o total; o eixo vertical direito representa o porcentual acumulado, graduado de zero até 100%; e o eixo horizontal, por sua vez, indica as categorias de dados, sendo representadas por colunas devidamente nomeadas, em ordem crescente, da esquerda para a direita.

Exemplificando

1) Para uma linha de montagem de carros, foi elaborado um diagrama de Pareto (Gráfico A), no qual figuram: os tipos de defeitos no eixo horizontal; as quantidades no eixo vertical esquerdo; e as porcentagens no eixo vertical direito.

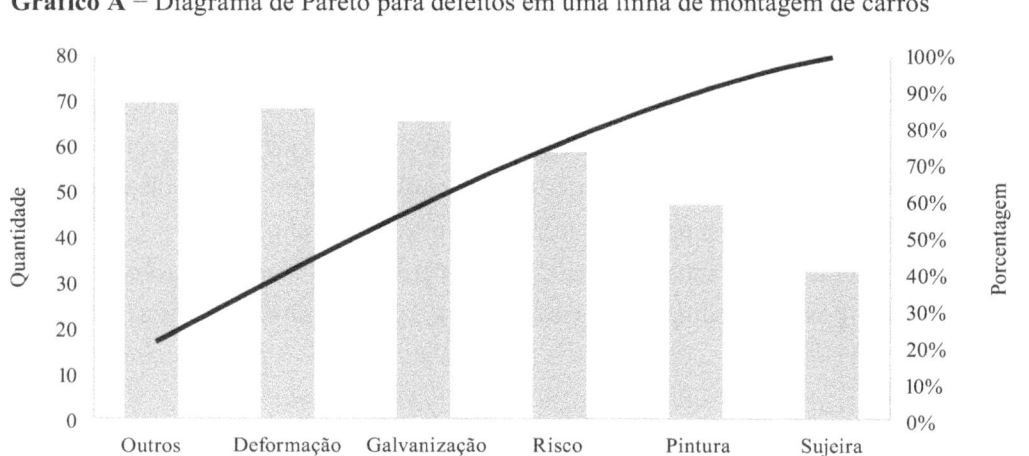

Gráfico A – Diagrama de Pareto para defeitos em uma linha de montagem de carros

O Gráfico A ilustra a elaboração de um diagrama de Pareto para a situação apresentada. Observe que, para confeccionar esse diagrama, compõe-se uma lista dos defeitos que podem ocorrer na linha de montagem, a fim de identificar aqueles mais recorrentes; somente depois disso, passa-se à construção do gráfico.

Existe a possibilidade de usar programas destinados à construção do gráfico de Pareto. Uma das funções desenvolvidas pelo *software* R para a elaboração do diagrama de Pareto é aquela baseada na função pareto.chart, que faz parte do pacote qcc: quando o vetor de frequências totais de ocorrência de cada categoria é o vetor x, obtém-se o gráfico de Pareto executando-se a função G.Pareto, pela utilização do comando G.Pareto(x). Essa função apresenta, ainda, uma tabela com as estatísticas descritivas usadas na construção do gráfico.

Exemplificando

2) Uma empresa que produz embalagens para barras de chocolate resolveu verificar os defeitos mais recorrentes em sua linha de produção. Ao aplicar a folha de verificação, a empresa obteve os seguintes dados:

Tabela A – Folha de verificação de defeitos das embalagens de barras de chocolate

Defeito	Frequência
Malselada	322
Rasgada	21
Furada	145
Sem data de validade	67
Com cores borradas	10
Com barra partida	53
Outros	10

Depois de aplicada a folha de verificação, a lista foi disposta em ordem decrescente e procedeu-se ao cálculo das frequências acumuladas, da porcentagem da frequência acumulada de cada item e da porcentagem acumulada, conforme expresso na Tabela B.

Tabela B – Cálculos das porcentagens sobre a frequência

Defeito	Frequência	Frequência Acumulada	Porcentagem	Porcentagem Acumulada
Malselada	322	322	51,27	51,27
Furada	145	467	23,09	74,36
Sem data de validade	67	534	10,67	85,03
Com barra partida	53	587	8,44	93,47
Rasgada	21	608	3,34	96,82
Com cores borradas	10	618	1,59	98,41
Outros	10	628	1,59	100

Com base na Tabela B, foi elaborado o diagrama de Pareto, conforme representado no Gráfico B.

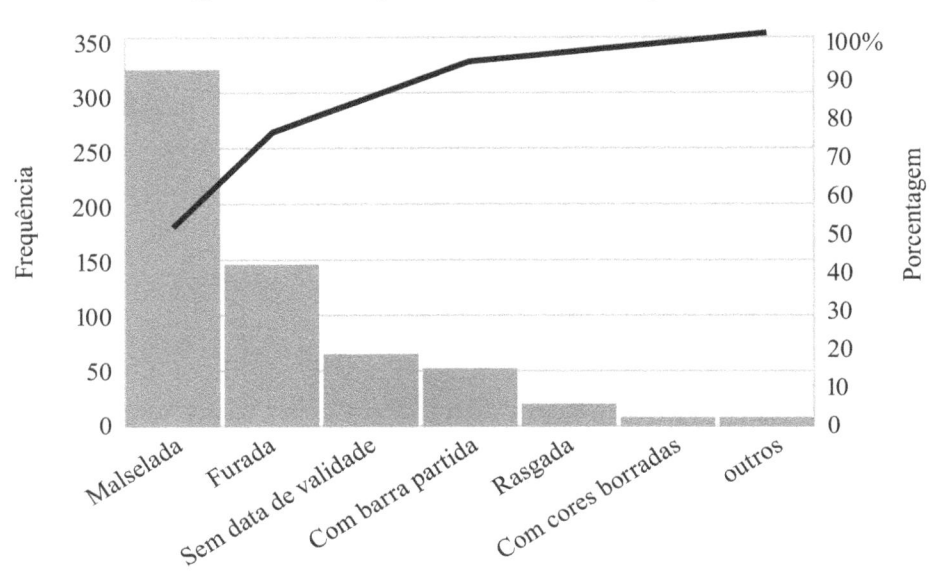

Gráfico B – Diagrama de Pareto para defeitos das embalagens de barras de chocolate

O Gráfico B mostra que os defeitos malselada e furada foram mais frequentes, devendo, portanto, ser priorizados, já que juntos acumulam aproximadamente 74% das falhas totais.

Exercícios resolvidos

1) Considere a tabela que representa os defeitos que os carros de uma fábrica de automóveis apresentam e construa o diagrama de Pareto para esse processo.

Tabela A – Folha de verificação de defeitos dos carros

Defeito	Frequência
Pintura	16
Lataria	11
Pneus	2
Motor	23
Estofamento	3
Painel	5
Outros	9

Resolução

Primeiramente, é preciso construir uma tabela com as frequências acumuladas e a porcentagens, conforme segue:

Tabela B – Cálculos das porcentagens sobre a frequência

Defeito	Frequência	Frequência Acumulada	Porcentagem	Porcentagem Acumulada
Pintura	16	16	23,1884058	23,1884058
Lataria	11	27	15,942029	39,1304348
Pneus	2	29	2,89855072	42,0289855
Motor	23	52	33,3333333	75,3623188
Estofamento	3	55	4,34782609	79,7101449
Painel	5	60	7,24637681	86,9565217
Outros	9	69	13,0434783	100

Resposta

Com base na tabela, elabora-se o diagrama de Pareto:

Gráfico A – Diagrama de Pareto para defeitos em uma linha de montagem de carros

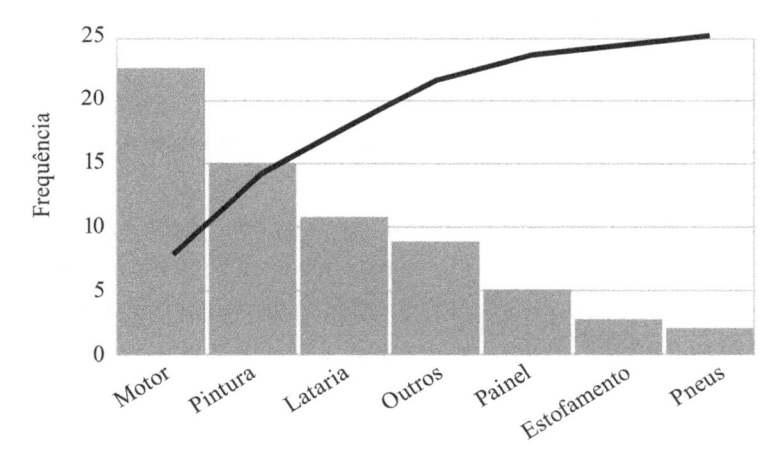

Como se nota, o diagrama de Pareto é constituído pela distribuição da frequência de dados, organizados por categorias; assim, de modo visual e muito rapidamente, é possível identificar os tipos de defeitos mais recorrentes.

Para saber mais

No artigo que indicamos a seguiros autores detalham as características do diagrama de Pareto e a importância de sua aplicação tanto a empresas listadas em livros e artigos científicos quanto à indústria alimentícia.

> SANTOS, A. P. et al. **Utilização da ferramenta diagrama de Pareto para auxiliar na identificação dos principais problemas nas empresas**. 2020. Disponível em: <https://unisalesiano.com.br/aracatuba/wp-content/uploads/2020/12/Artigo-Utilizacao-da-ferramenta-Diagrama-de-Pareto-para-auxiliar-na-identificacao-dos-principais-problemas-nas-empresas-Pronto.pdf>. Acesso em: 12 jan. 2023.

3.1.2 Tipos de diagramas de Pareto

Conforme já demostramos, a ferramenta diagrama de Pareto é constituída por um gráfico de barras, em que as frequências das ocorrências são ordenadas de modo decrescente, sendo possível identificar rapidamente os problemas mais significativos. Como os problemas ou os defeitos do processo são classificados por ordem de importância, consegue-se diminuir os custos, os riscos e os problemas do produto ou do serviço, que precisam ser resolvidos com urgência, a fim de otimizar tempo e recursos.

É evidente que as empresas buscam se perpetuar no mercado, sendo indispensável oferecer mão de obra qualificada, bom custo-benefício e qualidade indiscutível do produto ou do serviço ofertado. Entretanto, por vezes, algo não vai bem na empresa. Nesses casos, a análise proporcionada pelo diagrama de Pareto, ferramenta simples e poderosa, ajuda o gestor ou o gerente a classificar e a priorizar os problemas encontrados na companhia.

Imagine que uma empresa resolve diminuir o nível de seu estoque; nessa hipótese, com base na análise gerada pelo diagrama de Pareto, o gestor pode visualizar os itens que correspondem à maior parte do capital estocado e aqueles que contribuem menos para a composição desse capital. Assim, torna-se possível fazer uma separação dos referidos itens em duas classes: os poucos vitais e os muitos triviais.

De acordo com o princípio de Pareto, determinado problema pode ser atribuído a um pequeno número de causas; quando estas são identificadas, é viabilizada a eliminação de praticamente todas as perdas, a partir da aplicação de uma quantidade reduzida de ações menores. Isso permite concentrar a atenção nos **poucos vitais** do processo, a fim resolver os problemas da maneira mais eficiente possível.

Reiteramos, o diagrama de Pareto é um gráfico cujas barras são dispostas em ordem decrescente, sendo traçada uma curva que mostra as porcentagens acumuladas em cada uma das barras, nas quais são incluídos tanto os valores das porcentagens quanto o valor acumulado das ocorrências, o que possibilita a avaliação do efeito acumulado dos itens pesquisados. Nas construções gráficas do diagrama de Pareto, diferentes tipos de gráficos podem ser empregados, dependendo da situação, tais como: gráficos de Pareto para efeitos; gráficos de Pareto para causas; gráficos de Pareto para variáveis expressas em unidades monetárias; e estratificação do gráfico de Pareto. Detalharemos esses tipos a seguir.

Gráfico de Pareto para efeitos

Nesse tipo de gráfico, a informação é disposta de modo a possibilitar a identificação do principal problema enfrentado por certo agente. O gráfico de Pareto para efeitos é utilizado para detectar problemas relacionados às cinco dimensões da qualidade total: **qualidade** (produtos defeituosos, reclamações de clientes, devoluções de produtos); **custo** (perdas de produção, gastos com reparos de produtos dentro do prazo de garantia, custos de manutenção de equipamentos); **entrega** (atrasos de entrega, entrega em quantidade e local errados, falta de matéria-prima em estoque); **moral** (reclamações trabalhistas, demissões); e **segurança** (acidentes de trabalho, gravidade de acidentes, acidentes sofridos por usuários do produto).

Gráfico 3.1 – Diagrama de Pareto para efeitos: defeitos encontrados em amostra de lentes

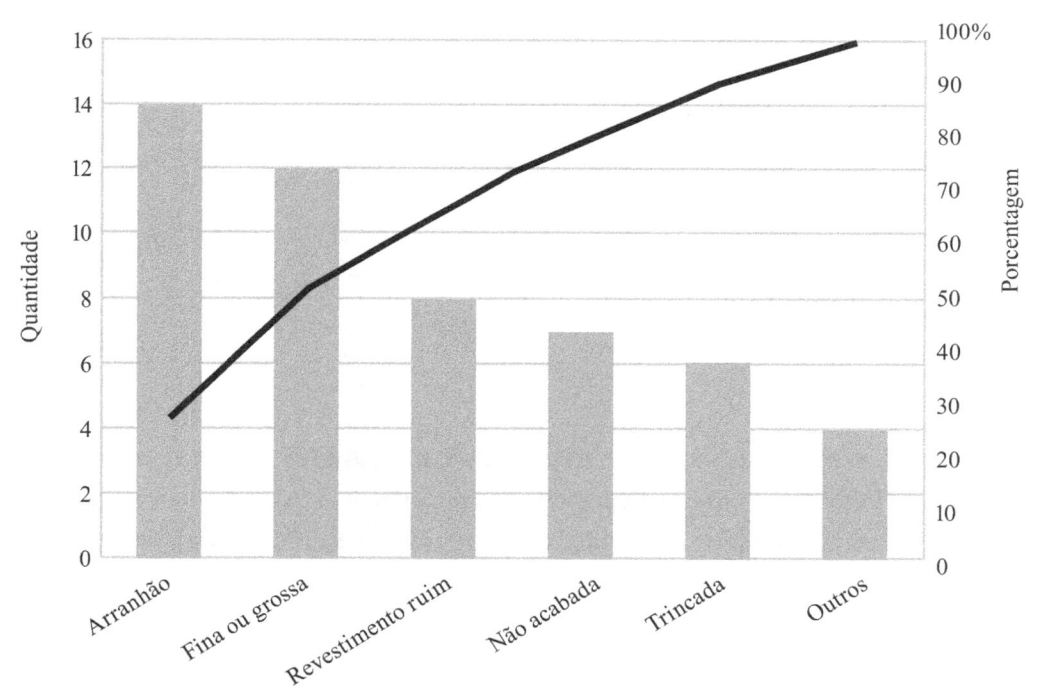

Gráfico de Pareto para causas

Nesse tipo de gráfico, a informação é disposta de modo a possibilitar a identificação das principais causas de um problema, que figuram entre os fatores que compõem um processo: **equipamentos** (desgaste, manutenção, modo de operação, tipo de ferramenta utilizada); **insumos**, ou matéria-prima (fornecedor, lote, tipo, armazenamento, transporte); **informação do processo**, ou medidas (calibração e precisão dos instrumentos de medição, método de medição); **condições ambientais** (temperatura, umidade, iluminação, clima); **pessoas**, ou mão de obra (idade, treinamento, saúde, experiência); e **métodos**, ou procedimentos (informação, atualização, clareza das instruções).

Gráfico 3.2 − Diagrama de Pareto para causas: causas de perda de produção provocada pelas paradas de um torno

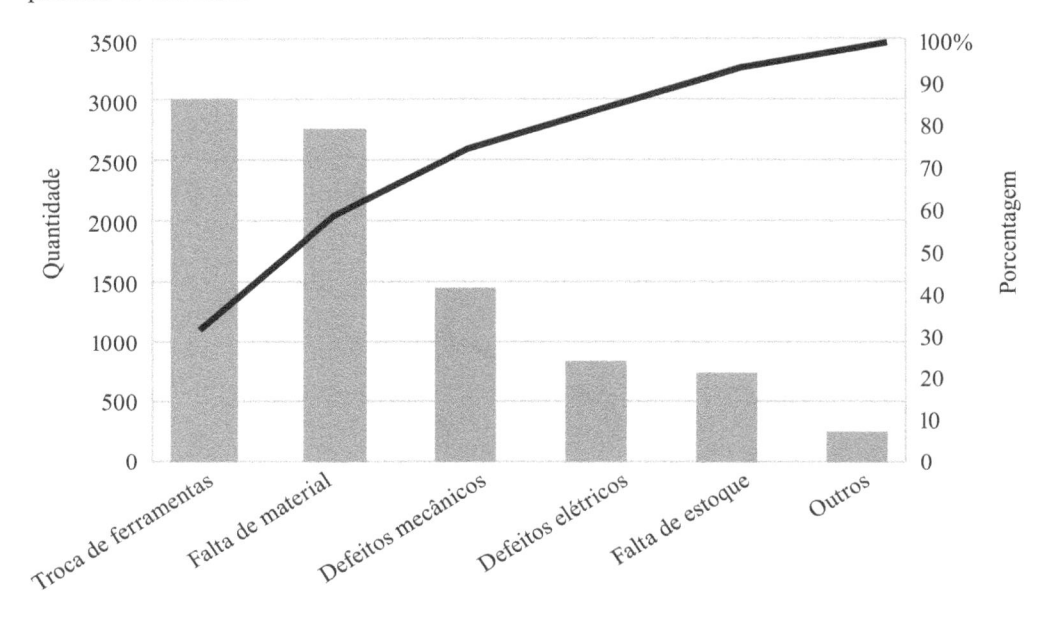

Gráficos de Pareto para variáveis expressas em unidades monetárias

Um gráfico de Pareto com base no custo pode ter como resultado vários conjuntos de problemas categorizados como poucos vitais, que o diferem do gráfico baseado no número de ocorrências. O custo é um importante indicador na construção de um gráfico de Pareto, pois identifica os poucos problemas vitais. Nos casos em que as frequências de cada categoria são proporcionais às perdas monetárias, são identificados os mesmos problemas prioritários a partir dos dois diferentes gráficos de Pareto.

Estratificação de gráficos de Pareto

Com a estratificação dos gráficos de Pareto, é possível identificar se a causa do problema é comum a todo o processo ou se está associada a fatores específicos que o compõem. Em uma linha de montagem, por exemplo, podem ser feitos gráficos de Pareto para defeitos, um para cada operador, a fim de avaliar tanto as causas dos problemas que são comuns aos operadores quanto as causas dos defeitos considerando os operadores individualmente.

Gráfico 3.3 – Estratificação de diagrama de Pareto: padrões de gráficos de Pareto obtidos por uma empresa na geração de defeitos

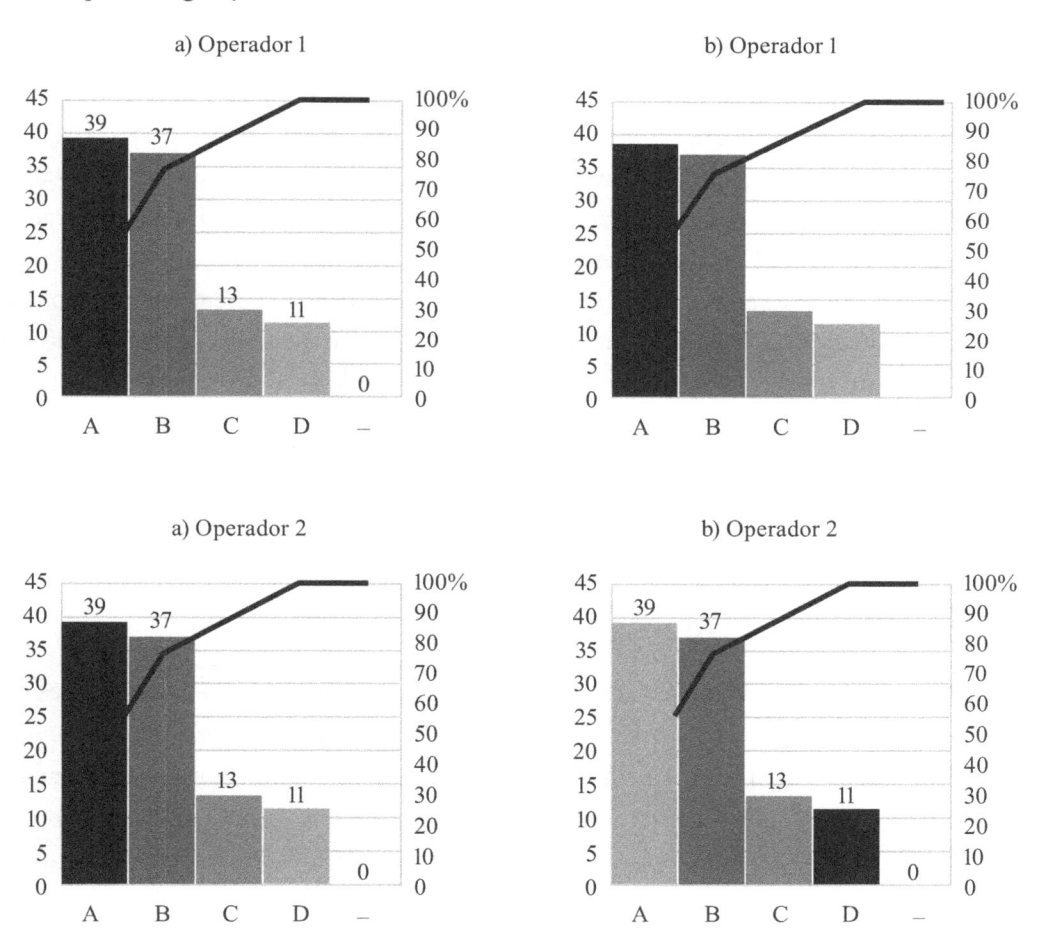

Nota: a) indica que as causas do problema são comuns aos dois operadores; b) indica que existem diferentes causas para o problema quando cada operador é considerado individualmente.

Podem ser construídos vários gráficos de Pareto em dado intervalo de tempo (semanal ou diário) para avaliar as alterações na sequência de ordenação das categorias: quando apresentarem significativas alterações sem que tenham sido realizadas medidas para melhorar o desempenho do processo, constitui-se um indício de que o processo não é estável, sendo possível concluir que há causas de variação atuando.

Portanto, essas comparações de gráficos de Pareto no decorrer do tempo fornecem indicações sobre a estabilidade do processo.

3.1.3 Recomendações básicas

Alguns cuidados devem ser observados na construção e na utilização dos diagramas de Pareto. Primeiramente, quando o problema é identificado por meio de um gráfico de Pareto para efeitos, é importante que também seja construído um gráfico de Pareto para causas; assim, as possíveis causas do problema considerado podem ser observadas e priorizadas. Em seguida, quando aparece um problema de solução simples, mesmo que ele seja da categoria dos muitos triviais, este deve ser eliminado de imediato.

É possível realizar, ainda, um desdobramento de gráficos de Pareto: nesse caso, um grande problema inicial é dividido em problemas menores e mais específicos, o que permite a priorização dos projetos de melhoria de determinado produto.

Ressaltamos que um diagrama de Pareto não identifica, de imediato, os defeitos mais importantes, mas sim os mais frequentes. Dessa forma, é preciso usar o bom senso para interpretar os diagramas, já que determinado tipo de defeito, que seja menos frequente, pode gerar mais prejuízos econômicos à empresa do que outros, considerados mais comuns.

3.2 Diagrama de causa e efeito

Outra ferramenta que relaciona o resultado de um processo (seu efeito) e seus fatores (as causas) é o diagrama de causa e efeito, também conhecido como *diagrama de espinha de peixe*, pois sua forma se assemelha ao esqueleto desse animal. E, como mencionamos, em homenagem ao professor Kaoru Ishikawa, que construiu o primeiro diagrama desse tipo em 1953, o diagrama de causa e efeito é ainda denominado *diagrama de Ishikawa*.

Esse diagrama resume as informações básicas e apresenta as possíveis causas de determinado problema, funcionando como um guia tanto para identificar a causa fundamental do problema quanto para determinar as medidas que devem ser tomadas objetivando a implementação de melhorias.

Observe, na Figura 3.1, um exemplo do diagrama de causa e efeito.

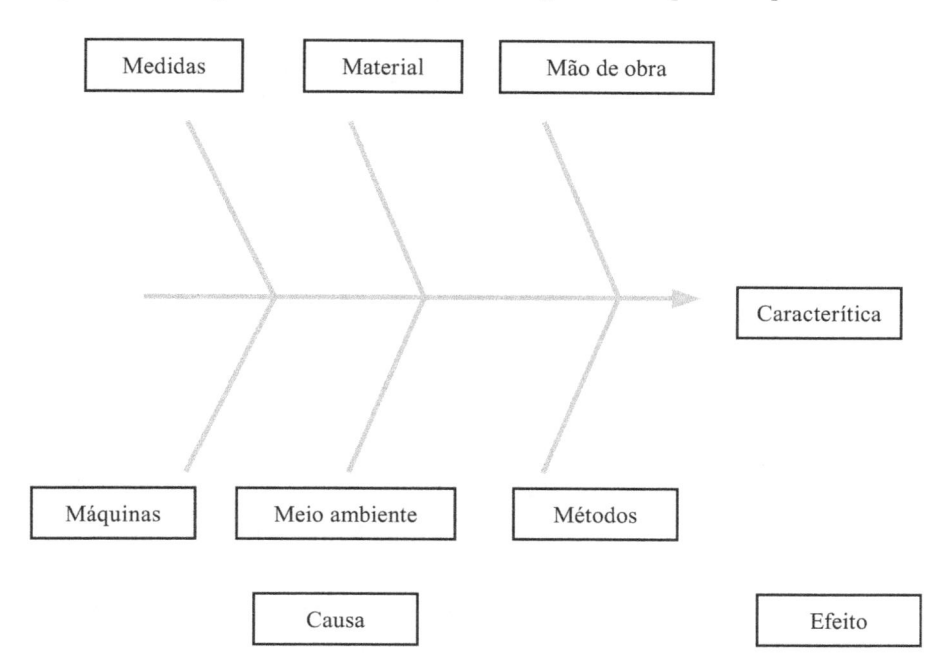

Figura 3.1 – Diagrama de causa e efeito ou diagrama de espinha de peixe

[Diagrama de espinha de peixe com as categorias: Medidas, Material, Mão de obra (acima); Máquinas, Meio ambiente, Métodos (abaixo); apontando para Caracterítica. Legendas: Causa e Efeito.]

A aplicação desse tipo de diagrama permite a organização de uma estrutura hierárquica das causas de maior potencial de um problema ou as oportunidades de melhorias, o que possibilita identificar os efeitos sobre a qualidade dos produtos. A principal vantagem é a separação entre causa e efeito, proporcionando a clara identificação das possíveis causas de um mesmo efeito.

Para saber mais

Recomendamos a leitura do livro *Diagrama de Ishikawa: diagnosticar e resolver problemas*, de José Orlando de Lima Souza. Trata-se de uma obra concisa e específica sobre o uso dessa ferramenta.

SOUZA, J. O. de L. **Diagrama de Ishikawa**: diagnosticar e resolver problemas. Guamaré, RN: Kindle, 2021. E-Book. (Série Ferramentas de Gestão).

Em qualidade, as causas de um problema são classificadas em seis grupos, chamados de *6 Ms,* que são: método; material; mão de obra; máquina; medida; e meio ambiente. São exemplos das causas ou dos fatores causadores de problemas:

- **método**: o procedimento usado é inadequado;
- **material**: a matéria-prima utilizada tem qualidade ou especificações inadequadas;

- **mão de obra**: o colaborador tem pressa ou imprudência, comete ato inseguro ou não está qualificado;
- **máquina**: falha nos equipamentos e falta de manutenção preventiva;
- **medida**: falta de calibração dos instrumentos de medição ou da efetividade de indicadores;
- **meio ambiente**: poluição, calor, poeira, falta de espaço, ambiente de trabalho inadequado.

3.2.1 Construção do diagrama de causa e efeito

O procedimento para construir um diagrama de causa e efeito compreende as seguintes etapas:

1. Registrar, no cabeçalho, as informações que devem constar no diagrama, como título, data de elaboração e responsáveis pela confecção do diagrama.
2. Definir a característica da qualidade ou o problema a ser analisado.
3. Escrever o conteúdo do diagrama dentro de um retângulo, no lado direito da folha de papel, e traçar a espinha dorsal, direcionada da esquerda para a direita, até esse retângulo.
4. Relacionar as causas primárias que afetam a qualidade ou o problema, por meio de espinhas grandes.
5. Relacionar as causas secundárias que podem afetar as causas primárias, por meio de espinhas médias.
6. Relacionar as causas terciárias que afetam as causas secundárias, por meio de espinhas pequenas.
7. Identificar as causas que apresentam um efeito mais significativo sobre a característica da qualidade ou do problema, considerando as informações disponíveis e os dados coletados sobre o processo.

Também é importante incluir alguns comentários sobre o procedimento para a construção de um diagrama de causa e efeito, os quais são muito úteis e ajudam em sua execução.

O diagrama de causa e efeito deve ser construído por um grupo de pessoas envolvidas com o processo em questão, e quanto maior for esse grupo, mais completo será o diagrama. Normalmente, o levantamento das causas é feito em uma reunião, por meio da técnica conhecida como *brainstorming*, que visa auxiliar um grupo de pessoas a produzir o máximo possível de ideias em um curto período.

Para que o diagrama de causa e efeito seja útil, o efeito – ou seja, a característica da qualidade ou o problema do processo considerado – deve estar bem definido; saber o **que** ele é, **onde**, **como** e **quando** ele ocorre é de suma importância para a obtenção de soluções para os problemas.

Também é preciso construir o diagrama de causa e efeito para cada efeito de interesse, pois distintos conjuntos de causas podem estar associados a diferentes efeitos de um processo, os quais, portanto, devem ser analisados em diagramas separados.

Em regra, os fatores equipamentos, pessoas, insumos, métodos, medidas e condições ambientais constituem as causas primárias do diagrama.

Outra estratégia adotada é fazer a seguinte pergunta (respondendo a ela várias vezes durante o processo): "Que tipo de causas poderiam afetar a característica da qualidade?" ou "Que tipo de causas resultam no problema considerado?". Esse procedimento deve ser mantido até que as possíveis causas do efeito analisado estejam detalhadas.

É de extrema importância escolher causas e efeitos mensuráveis, ou seja, cada causa relacionada no diagrama deve ser estabelecida com base em dados; quando não é possível determiná-la, é preciso buscar uma variável alternativa que seja mensurável para substituí-la.

Exemplificando

3) Uma indústria produz placas de circuitos impressos. A montagem dessas placas é feita mediante uma combinação de métodos manuais e automáticos. A montagem também usa um processo de soldagem por onda, técnica em que as placas impressas são colocadas em contato com a superfície de uma onda de solda, em movimentação constante. As placas são preaquecidas e movimentadas sob a onda de solda, para que sejam feitas as conexões elétricas e mecânicas entre seus componentes.

A empresa identificou o problema de elevado número de defeitos nas placas de circuitos impressos; assim, a fim de providenciar uma forma mais clara de visualização do problema, foi feito um diagrama de Pareto para identificar os tipos de defeitos mais frequentes no referido processo de montagem.

Foram, então, constatados 11 tipos de defeitos diferentes em 500 placas, cuja distribuição é representada no gráfico a seguir.

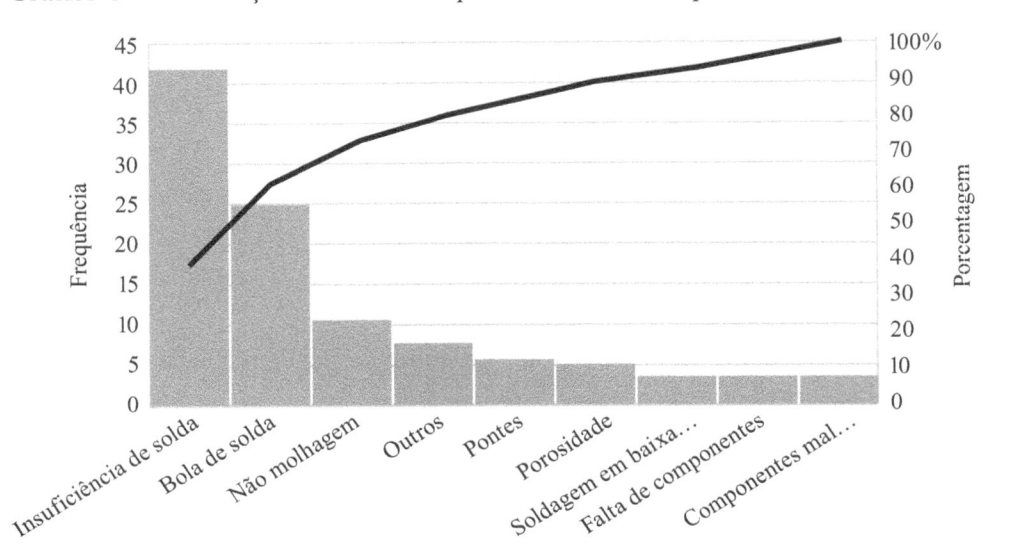

Gráfico C – Distribuição de defeitos em placas de circuitos impressos

[Gráfico de Pareto com eixo Y esquerdo "Frequência" (0 a 45) e eixo Y direito "Porcentagem" (0 a 100%). Categorias no eixo X: Insuficiência de solda, Bola de solda, Não molhagem, Outros, Pontes, Porosidade, Soldagem em baixa..., Falta de componentes, Componentes mal...]

Ao analisar o gráfico, a empresa identificou como defeitos mais frequentes a insuficiência de solda e a bola de solda, os quais representavam cerca de 70% dos defeitos observados. Também constatou que os seis primeiros tipos de defeitos tinham relação com o processo de soldagem.

Assim, o problema foi mais bem caracterizado quando se concluiu pelo elevado número de defeitos nas placas, provocados por adversidades no processo de soldagem. Na sequência, os defeitos provocados por problemas no processo de soldagem foram estratificados de acordo com o tempo, o local, o tipo e o indivíduo. Com essas medidas, a empresa chegou às seguintes conclusões:

- A distribuição do número de defeitos não se altera entre turnos de trabalho, dias da semana, tipos de circuitos impressos fabricados e operadores responsáveis pela soldagem.
- A distribuição do número de defeitos era diferente em partes diferentes das placas.

A segunda conclusão foi obtida por meio dos dados coletados utilizando-se uma folha de verificação para a localização dos defeitos. Assim, foi possível perceber que o maior número de defeitos se concentrava em uma região das placas na qual eram provocados por insuficiência de solda ocorriam de modo próximo à sua extremidade frontal, onde se tinha o início do contato com a onda de solda.

A empresa, então, formou um grupo de trabalho, que contou com a participação do operador da máquina de solda, do supervisor e do engenheiro responsável pelo processo, com o intuito de realizar um *brainstorming*. O grupo elaborou o diagrama de causa e efeito, representado a seguir:

Figura A – Diagrama de causa e efeito

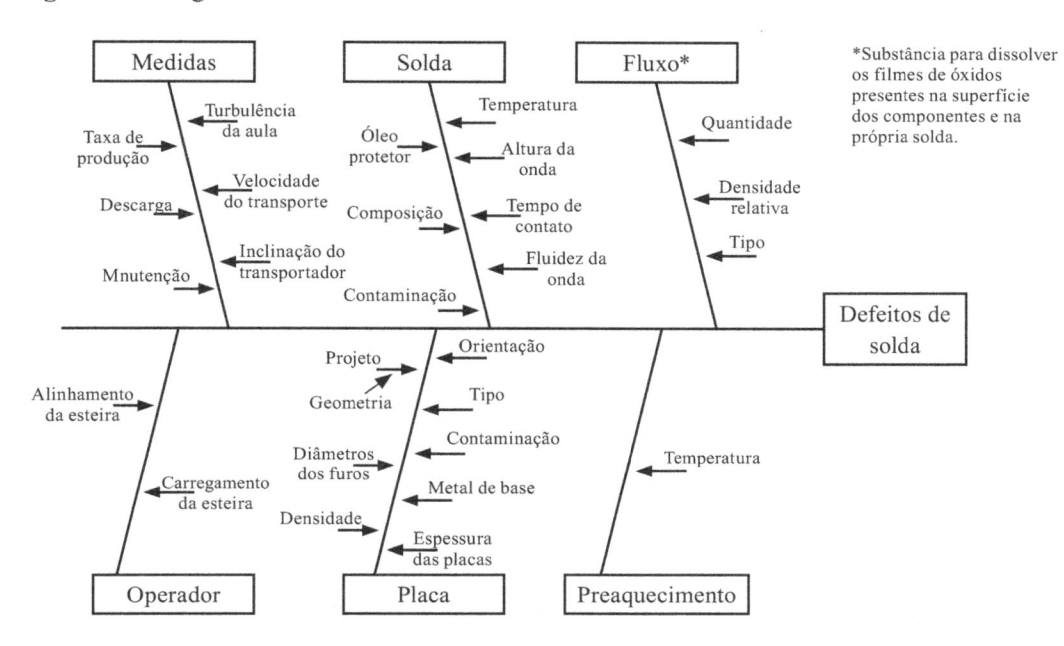

*Substância para dissolver os filmes de óxidos presentes na superfície dos componentes e na própria solda.

Depois de finalizado o diagrama de causa e efeito, elaborou-se um diagrama de Pareto para causas, com o objetivo de rastrear as causas dos defeitos detectados nas placas de circuitos impressos, conforme expresso no gráfico a seguir.

Gráfico D – Diagrama de Pareto para causas

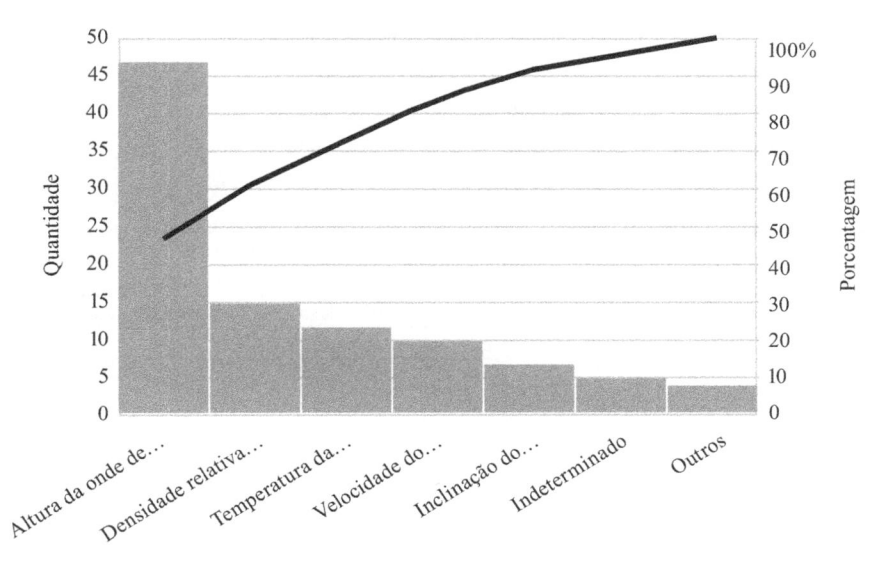

Assim, a empresa constatou que a principal causa dos defeitos estava relacionada com a altura da onda de solda. Tendo isso em vista, foi determinado o valor ideal de sua altura, que foi padronizado e incorporado aos padrões operacionais da indústria. Com essa medida, o resultado obtido foi uma queda significativa da porcentagem de placas defeituosas produzidas.

3.3 Estudo de caso

Nesta seção, trataremos de um estudo de caso, já abordado no Capítulo 1 deste livro com o objetivo avaliar a aplicação da folha de verificação em um contexto empresarial. Ora, daremos continuidade à nossa análise com a utilização do mesmo estudo de caso, mas agora com ênfase para a aplicação combinada do diagrama de Pareto com o diagrama de causa e efeito.

No referido estudo, intitulado *Aplicação de ferramentas de qualidade: estudo de caso em uma microempresa do ramo calçadista* (Candeias et al., 2017), a análise, feita com base em teorias e métodos da qualidade, contemplou a situação de uma empresa do ramo calçadista de Belo Horizonte.

Recordemos os principais pontos do caso em questão: o processo produtivo da empresa é essencialmente artesanal e todas as etapas operacionais são pouco automatizadas; o corpo de funcionários é composto apenas dos proprietários; o estudo foi feito por meio de visitas técnicas, entrevistas com os colaboradores e coleta de dados; por fim, pela análise dos dados obtidos, foi possível elaborar sugestões de melhoria, as quais foram implementadas em um período de aproximadamente sete meses.

Como a empresa não dispunha de um histórico de dados documentados, foi necessária a coleta de dados primários para dar prosseguimento ao estudo. Esse procedimento inicial se estendeu por 18 semanas; ao término dessa etapa, foi elaborada uma planilha – no caso, a folha de verificação – para o registro dos dados, conforme disposto na Tabela 3.1.

Tabela 3.1 – Amostra do banco de dados gerado

Semana	Qtde fabricada (Pares)	Qtde defeitos (Pares)	Tipos de defeito	Descrição
⋮	⋮	⋮	⋮	⋮
5º	87	12	Costura	A linha soltou e os forros foram queimados na hora do acabamento
6º	112	3	Enfeite	Enfeite deslocou na hora da soldagem
6º	112	13	Enfeite	Enfeite quebrou

(continua)

(Tabela 3.1 – conclusão)

Semana	Qtde fabricada (Pares)	Qtde defeitos (Pares)	Tipos de defeito	Descrição
7º	92	15	Operador	Foi passado cola no solado de referência diferente da fábrica no momento
8º	63	5	Couro	Couro com defeito depois de costurado
9º	98	11	Outros	Quando o salto foi pregado, o prego vazou
9º	98	7	Máquina	Máquina de dividir desregulada estragou o couro
10º	137	5	Máquina	Máquina de conformar desregulada (no máximo) queimou o talão do sapato
10º	137	–	Operador	Operador esbarrou no vidro de alogenante atrasando a produção
⋮	⋮	⋮	⋮	

Fonte: Candeias et al., 2017, p. 8.

Constatou-se que as causas operador, máquina e costura representavam 71% das ocorrências, determinando, assim, a necessidade de priorização dessas causas.

De posse dessas informações, foi elaborado o diagrama de Pareto (Gráfico 3.4)

Gráfico 3.4 – Gráfico de Pareto dos dados coletados durante 18 semanas: Defeitos no processo de fabricação

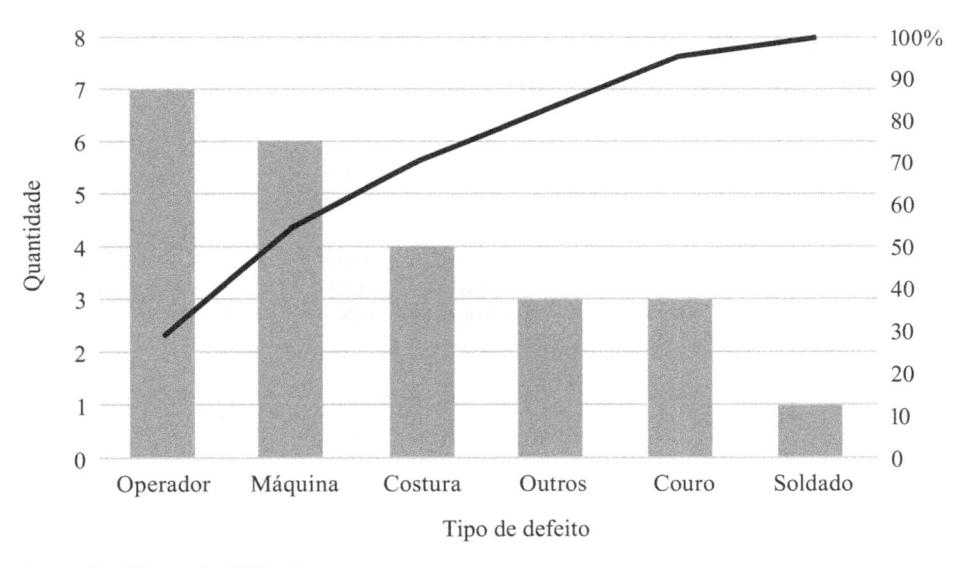

Fonte: Candeias et al., 2017, p. 8.

Foi testada a veracidade quanto à criticidade dos eventos que apresentavam maior frequência. Em seguida, a equipe conduziu um *brainstorming* entre os colaboradores, com a finalidade de adequar os índices de severidade, de ocorrência e de detecção, de acordo com os processos da empresa. Os valores atribuídos ao índice de ocorrência foram classificados tomando-se como base uma amostragem-padrão de 100 itens, que era condizente com a taxa de produção da empresa.

Desse modo, o índice de detecção pôde ser estratificado de acordo com o relato dos colaboradores, os quais seguiram uma forma específica de intervenção para qualquer falha encontrada no processo, conforme os resultados do número de prioridade de risco (RPN), apresentados no Quadro 3.1.

Quadro 3.1 – Sugestão de intervenção, de acordo com o RPN

0 até 20	Menor: nenhuma ação será tomada (ou tomada a longo prazo com a ótica de melhoria contínua)
21 até 50	Moderado: ação deve ser tomada – médio prazo.
51 até 100	Alto: ação deve ser tomada, validação seletiva e avaliação detalhada devem ser realizadas - curto prazo.
> 100	Crítico: ação deve ser tomada, mudanças abrangentes são necessárias.

Fonte: Candeias et al., 2017, p. 9.

Feita a definição de todos os índices, concluiu-se que o maior risco estava associado à etapa de corte, conforme disposto no Quadro 3.2.

Quadro 3.2 – Sugestão de intervenção, de acordo com o RPN

item/ nome/ função do projeto/ processo	modo de falha potencial	efeito da falha em potencial	severidade	causa potencial de falha	ocorrência	controle atual de prevenção	controle atual de detecção	detecção	RPN	ação preventiva recomendada

(continua)

(Quadro 3.1 – conclusão)

corte	trinca na flor de couro (parte lisa)	descarte da peça	8	má qualidade no cartume	2	não possui	visual	8	128	observar o couro antes de iniciar o corte e comunicar os fornecedores sobre as falhas
	desnivelamento na espessura do carnal do couro (parte sem acabamento)	descarte da peça ou retrabalho	7	má qualidade no cartume	1	não possui	visual/ tato	8	56	observar o couro antes de iniciar o corte e comunicar os fornecedores sobre as falhas
	danificação da peça no corte	descarte da peça ou retrabalho	5	alteração da pressão do balancim (pressão menor que o recomendado)	1	verificação da pressão do balancim	visual	2	10	ajuste da pressão do balancim, padronização e teste inicial
	danificação da faca molde	rtrabalho da faca	8	alteração da pressão do balancim (pressão maior que o recomendado)	1	verificação da pressão do balancim	visual	2	16	pressão do balancim, padronização e teste inicial

Fonte: Candeias et al., 2017, p. 10.

Realizada a análise comparativa entre os resultados apresentados pelos índices de risco, foram identificados quatro modos de falha prioritários, quais sejam:

- na **etapa corte**, dois modos de falha críticos: trinca na flor do couro (índice de risco 128) e desnivelamento na espessura do carnal do couro (índice de risco 56);
- na **etapa pesponto**: identificado como crítico o modo de falha linha solta (índice de risco 60);
- na **etapa de montagem**: identificado como crítico o modo de falha cabedal sujo de cola (índice de risco 56).

Após a análise do índice de risco, elaborou-se um diagrama de Ishikawa, no qual cada um dos modos de falha classificados como prioritários foram considerados efeitos a serem analisados. As Figuras 3.2 e 3.3 apresentam como exemplo o resultado obtido para os modos de falha trinca na flor do couro e linha solta, respectivamente.

Figura 3.2 – Diagrama de Ishikawa para modo de falha trinca na flor do couro

Materiais:
- Quantidades erradas de produtos químicos (cal, ácidos etc)
- Lacerações e marcas na pele

Métodos:
- Técnica errada de remoção da pele e do aanimal
- Processo de conservação ineficaz
- Operação ribeira mal executada
- Operação curtimento mal executada
- Operação de re-curtimento ineficaz na pele

M. obra:
- Falta de atenção
- Falta de cuidado na execução
- Não conhecimento do processo
- Fadiga

Máquina:
- Máquinas desreguladas
- Utensílios fora do padrão

M. ambiente:
- Aspectos ergonômicos inadequados
- *Layout* ineficiente da fábrica
- Exageros de produtos químicos

Efeito: Trinca na flor do couro (parte lisa)

Fonte: Candeias et al., 2017, p. 11.

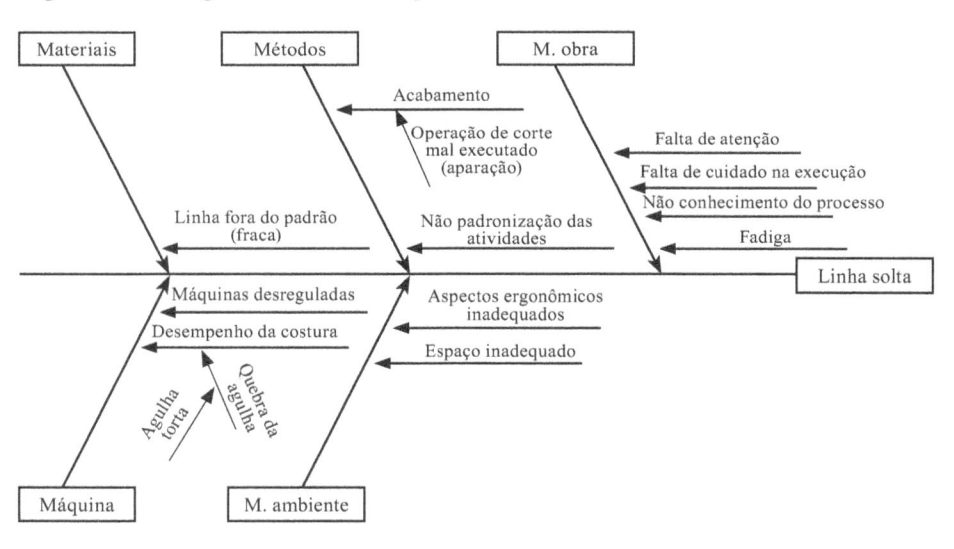

Figura 3.3 – Diagrama de Ishikawa para modo de falha linha solta

Materiais:
- Linha fora do padrão (fraca)

Métodos:
- Acabamento
- Operação de corte mal executado (aparação)
- Não padronização das atividades

M. obra:
- Falta de atenção
- Falta de cuidado na execução
- Não conhecimento do processo
- Fadiga

Máquina:
- Máquinas desreguladas
- Desempenho da costura
- Agulha torta
- Quebra da agulha

M. ambiente:
- Aspectos ergonômicos inadequados
- Espaço inadequado

Efeito: Linha solta

Fonte: Candeias et al., 2017, p. 12.

Assim, foi possível analisar as causas secundárias relacionadas ao método, o que possibilitou a identificação de práticas e de procedimentos executados com baixo desempenho ou de maneira errônea, correlacionados com a falta de padronização das atividades.

De acordo com o estudo realizado, as causas secundárias relacionadas à mão de obra se enquadram na falta de conhecimento e de preparação; as causas relacionadas a máquinas e equipamentos, por sua vez, demonstram a existência de problemas mecânicos, manuseios incorretos e falta de manutenção. Por fim, foram identificadas como causas relacionadas ao meio ambiente: espaço inadequado; falta de ventilação; ruídos; iluminação insuficiente; e odor desagradável.

Nesse contexto, com base na análise proporcionada pela elaboração dos vários diagramas de Ishikawa, foi possível realizar uma proposta de plano de ação para melhorar o desenvolvimento de todo o processo.

Síntese

Neste capítulo, abordamos as ferramentas da qualidade conhecidas como *diagrama de Pareto* e *diagrama de causa e efeito*.

Ressaltamos que os gráficos de barras são largamente empregados no controle de qualidade, sendo utilizados para identificar as causas mais importantes dos problemas em análise. Também esclarecemos que, quando essas barras são organizadas em ordem decrescente de altura, da esquerda para a direita, de modo que a causa mais frequente apareça primeiro, trata-se de um tipo de gráfico de barras chamado de *gráfico de Pareto*.

Analisamos, ainda, o diagrama de causa e efeito, também conhecido como *diagrama de espinha de peixe*, que, quando aplicado, possibilita organizar, em uma estrutura hierárquica, as causas de maior potencial de um problema.

Por fim, apresentamos um passo a passo de como construir esses dois tipos de diagramas, incluindo as recomendações mais relevantes que devem ser observadas para a elaboração e a aplicação de tais ferramentas.

Questões para revisão

1) Assinale a alternativa que indica uma das causas de um problema, que faz parte dos 6 Ms:

   a. Cabeçalho.
   b. Causas secundárias.
   c. Espinha de peixe.
   d. Ambiente de trabalho.
   e. Melhorias.

2) Analise as assertivas a seguir e indique V para as verdadeiras e F para as falsas:

( ) Para construir um diagrama de causa e efeito, é preciso relacionar as causas primárias que afetam a qualidade ou o problema, usando as espinhas grandes.

( ) O diagrama de causa e efeito deve ser construído apenas pelo gestor da empresa.

( ) É preciso definir o problema do processo para que o diagrama de causa e efeito seja útil.

( ) Os fatores equipamentos, pessoas, insumos, métodos, medidas e condições ambientais são as causas secundárias de todo processo.

3) Avalie as sentenças a seguir.

I. No gráfico de Pareto para efeitos, é possível identificar o principal problema enfrentado por uma empresa.

II. No gráfico de Pareto para causas, é possível coletar todas as informações dos problemas de uma empresa.

III. No modelo gráfico de Pareto estratificado, é possível identificar se a causa do problema é comum a todo o processo ou se existem causas específicas associadas a diferentes fatores que o compõem.

As sentenças corretas são:

a. apenas I.
b. apenas I e II.
c. apenas II e III.
d. apenas I e III.
e. I, II e III.

4) Por que o diagrama de Pareto é conhecido pela proporção 80-20?

5) No diagrama de Ishikawa, as causas de um problema podem ser classificadas em quais grupos?

Questões para reflexão

1) Explique como você construiria o gráfico de Pareto de uma empresa de grande porte, que vem apresentando um problema na fabricação de determinada peça, cuja produção diária apresenta um volume alto. Considere, ainda, que a empresa tem uma quantidade significativa de funcionários.

2) Exemplifique como seria uma aplicação do diagrama de causa e efeito ao contexto de sua residência.

Conteúdos do capítulo
- Gráfico de controle para a proporção de não conformes em amostras de mesmo tamanho.
- Gráfico de controle para o número de defeitos em unidades de mesmo tamanho.
- Gráfico de controle para a proporção de defeitos em amostras de tamanho variável.
- Gráfico de controle para o número médio de defeitos por unidade.
- Aplicações do gráfico de controle para atributos em serviços.

Após o estudo deste capítulo, você será capaz de:
1. reconhecer e construir o gráfico de controle para a proporção de não conformes em amostras de mesmo tamanho;
2. reconhecer e construir o gráfico de controle para o número de defeitos em unidades de mesmo tamanho;
3. reconhecer e construir o gráfico de controle para a proporção de defeitos em amostras de tamanho variável;
4. reconhecer e construir o gráfico de controle para o número médio de defeitos por unidade;
5. aplicar os gráficos de controle para atributos em serviços.

4
Gráfico de controle para atributos

Existem diversas ferramentas usadas no gerenciamento da qualidade de produtos ou serviços. Embora cada uma delas tenha características e utilidades específicas, em alguns casos, essas ferramentas se complementam. Com o objetivo de estabelecer o controle e a estabilidade de processos, a fim de gerar produtos e serviços de qualidade, essas ferramentas da qualidade possibilitam mensurar, analisar, definir e propor soluções para eventuais problemas.

Uma dessas ferramentas é o gráfico de controle, que ajuda na realização das estatísticas de processos, visando sempre à melhoria da qualidade de produtos e serviços. Esses gráficos, também chamados de *cartas de controle*, são usados tanto no monitoramento da variabilidade quanto na avaliação da estabilidade de determinado processo.

Tais cartas de controle utilizam um conjunto de dados para verificar as mudanças de um processo, por meio de amostragem, revelando o comportamento dessas alterações em certo período. Assim, é possível avaliar se o processo está dentro dos limites estabelecidos e esperados, a fim de identificar o momento em que será necessário procurar a causa dessa variação.

> **O que é**
>
> Gráficos de controle são ferramentas da qualidade utilizados para monitorar as variações de um processo.

Existem dois tipos de gráficos de controle: (1) aquele para variáveis e (2) aquele de controle para atributos.

Neste capítulo, analisaremos os seguintes tipos de gráficos de controle para atributos: gráfico para a proporção de não conformes em amostras de mesmo tamanho; gráfico para o número de defeitos em unidades de mesmo tamanho; gráfico para a proporção de defeitos em amostras de tamanho variável; e gráfico para o número médio de defeitos por unidade. Também demonstraremos os procedimentos para a construção desses gráficos e suas aplicações.

É muito comum que os processos sofram algum tipo de variação, de maior ou menor grau, em razão dos fatores que compõem o processo produtivo, que podem ser derivados do ambiente, do maquinário, de lotes de matérias-primas etc. Por isso, os gestores devem adotar medidas para controlar ou reduzir essa variabilidade a fim de obter produtos de boa qualidade.

Nesse sentido, um gráfico de controle visa à promoção do controle e da estabilidade dos processos visando à redução de suas variações e à garantia da qualidade de seus resultados. As causas de variação dos processos podem ser caracterizadas de duas formas: causas comuns, ou aleatórias; e causas especiais, ou assinaláveis.

- **Causas comuns**: não dependem do processo considerado e estão presentes mesmo que as operações sejam executadas por métodos padronizados. Nesse caso, a variação se mantém em uma faixa estável, conhecida como *faixa característica do processo*. É comum dizer que o processo está sob controle estatístico e apresenta comportamento estável e previsível.
- **Causas especiais**: são decorrentes de uma situação particular que torna o o comportamento do processo diferente do usual, o que resulta em uma queda significativa de sua qualidade. Nesse caso, diz-se que o processo está fora de controle estatístico, e sua variação, geralmente, é maior do que a natural.

Assim, a aplicação do gráfico de controle mostra qual dos dois tipos de causas de variação está ocorrendo. No gráfico de controle para atributos, as medidas referem-se ao número de itens do produto que têm determinado atributo, ou seja, que têm uma especificidade de interesse. São exemplos o número de peças cujos diâmetros não satisfazem às especificações – ou seja, as peças defeituosas – ou o número de arranhões, quando mostrado no gráfico, de determinado tipo de lente.

Para representar um gráfico de controle, usam-se linhas, as quais, além de possibilitar a visualização do processo (Figura 4.1), permitem identificar quando este está dentro ou fora de controle. Essas linhas são: linha média (LM); um par de linhas de limite inferior de controle (LIC); linha do limite superior de controle (LSC) em relação à linha média; e valores da característica da qualidade que são traçados no gráfico.

O que é

Limites de controle são as linhas horizontais traçadas no gráfico para controlar o processo.

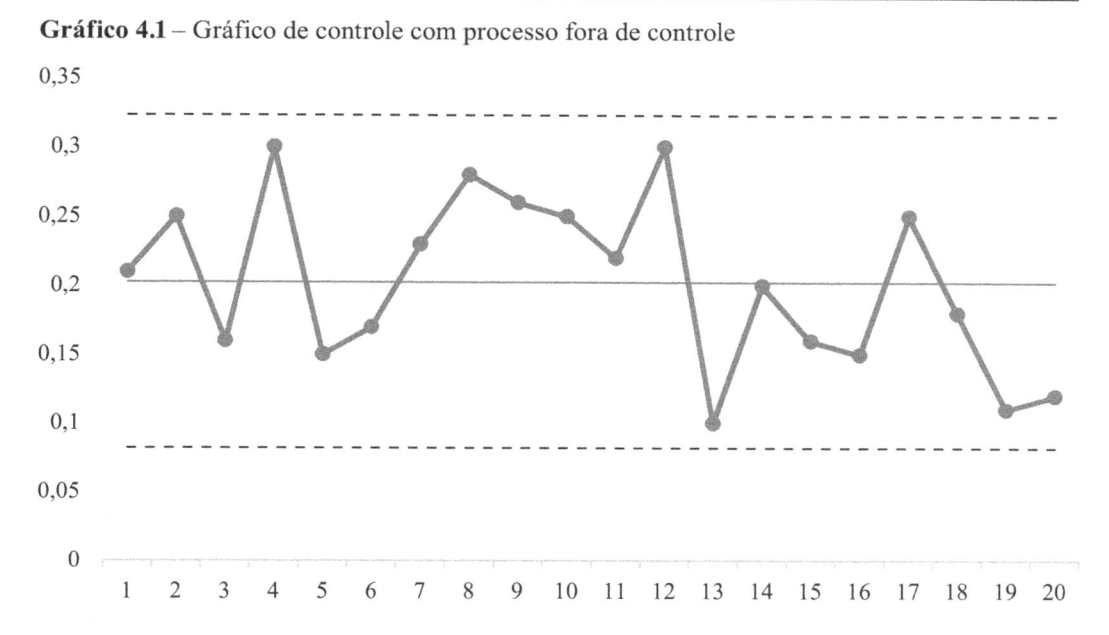

Gráfico 4.1 – Gráfico de controle com processo fora de controle

Os gráficos para atributos mais comuns são os das proporções de defeituosos e os gráficos de números de defeitos. A seguir, detalharemos o gráfico de controle para a proporção de não conformes em amostras de mesmo tamanho.

4.1 Gráfico de controle para a proporção de não conformes em amostras de mesmo tamanho

Por definição, o termo *item não conforme* designa aquele item que não está atendendo a um requisito preestabelecido; assim, o item não conforme não afeta o uso do produto – diferentemente do termo *defeito*, que se refere a um produto impróprio para uso.

Exemplificando

1) É um item não conforme a quantidade de avarias encontradas em acabamentos de automóveis, o que gera insatisfação ao cliente, embora este possa continuar utilizando o carro, com ou sem avarias em seu acabamento.

Um gráfico para o controle da proporção de não conformes, também chamado de *carta p*, é usado quando se deseja controlar a porcentagem ou a porção defeituosa na amostra. Considerando que o processo está mantido sob controle estatístico, a probabilidade de produzir uma peça defeituosa é constante.

Quando se elabora uma carta de atributos, tomam-se amostragens com uma quantidade de unidades – em geral, os subgrupos têm de 50 a 200 unidades – que podem ser coletadas várias vezes ao dia, levando-se em conta que a frequência de amostragem deve estar de acordo com os períodos de produção. Assim, forma-se uma amostra a cada lote ou uma amostra por turno, por exemplo.

No processo matemático, adota-se a **distribuição binomial**, que descreve o padrão de ocorrência dos valores de uma população, em que cada um desses elementos pode ser classificado com atributos, como sucesso ou falha, bom ou ruim, defeituoso ou não defeituoso. Então, se x é uma variável com distribuição binomial de parâmetros n e p, a probabilidade de x assumir o valor particular k é:

$$P(x = k) = \binom{n}{k} p^k (1-p)^{n-k} \quad \text{(Equação 4.1)}$$

em que: $k = 0,1,2\ldots n$; p = probabilidade de sucesso; e n = tamanho da amostra. Da Equação 4.1, conclui-se que, como cada extração de um elemento da amostra só pode corresponder a dois resultados, sim ou não, então a ocorrência de k sucessos na amostra obtida deve ser acompanhada pela ocorrência de n – k falhas.

A média e a variância da distribuição binomial são dadas por:

$$E(x) = np \quad \text{(Equação 4.2)}$$

$$VAR(x) = \sigma^2 = np(1-p) \quad \text{(Equação 4.3)}$$

Para o porcentual de não conformes p de cada subgrupo, deve-se anotar o número de itens inspecionados n e o número de itens não conformes x, calculando o porcentual de não conformes, representado por:

$$\hat{p} = \frac{x}{n} \quad \text{(Equação 4.4)}$$

A média e a variância da distribuição de $\hat{p}$ fica:

$$E(x) = p \quad \text{(Equação 4.5)}$$

$$VAR(x) = \sigma^2 = \frac{p(1-p)}{n} \quad \text{(Equação 4.6)}$$

Os limites de controle do gráfico p são dados por $p \pm 3\sigma$. Então, para o cálculo dos limites de controle do gráfico p, tem-se que:

$$LSC = p + 3\sqrt{\frac{p(1-p)}{n}} \quad \text{(Equação 4.7)}$$

$$LM = p \quad \text{(Equação 4.8)}$$

$$LIC = p - 3\sqrt{\frac{p(1-p)}{n}} \quad \text{(Equação 4.9)}$$

Em regra, como o parâmetro p é desconhecido, ele é estimado por meio de dados amostrais. A proporção desconhecida p de itens defeituosos é estimada pela média das proporções individuais de itens defeituosos de k amostras, ou seja:

$$\bar{p} = \frac{1}{k}\sum_{i=1}^{k}\left(\frac{x_i}{n}\right) \quad \text{(Equação 4.10)}$$

Assim, os limites de controle do gráfico ficam:

$$LSC = \bar{p} + 3\sqrt{\frac{\bar{p}(1-\bar{p})}{n}} \quad \text{(Equação 4.11)}$$

$$LM = \bar{p} \quad \text{(Equação 4.12)}$$

$$LIC = \bar{p} - 3\sqrt{\frac{\bar{p}(1-\bar{p})}{n}} \quad \text{(Equação 4.13)}$$

Vale ressaltar que, para a construção do gráfico p, os limites de controle são determinados com base na aproximação normal para a distribuição binomial, sendo a aproximação válida se np > 5 e n(1 – p) > 5. Ainda, quando p é pequeno, o LIC pode ser um número negativo; nesse caso, considera-se LIC = 0.

Após a construção do gráfico, é possível fazer algumas das seguintes interpretações do controle de processo:

- Quando há um ou mais pontos fora dos limites de controle, configura-se uma evidência de instabilidade.
- Quando o processo está sob controle estatístico, a probabilidade de haver um ponto fora dos limites de controle é pequena.
- Quando um ponto está acima do LCS, isso é indício de que o processo piorou.
- Quando um ponto está abaixo do LCI, isso é indício de que o processo melhorou.

As etapas de construção e de utilização do gráfico de controle p para a proporção de não conformes em amostras de mesmo tamanho podem ser assim resumidas:

- Coleta de dados: consiste em fazer a coleta de k amostras – em geral, k é igual a 20 ou 25, de tamanho n.
- Determinação da proporção média de itens não conformes.
- Cálculo dos limites de controle.
- Definição dos limites de controle.
- Marcação dos pontos dos k valores de não conformes no gráfico, circulando-se os pontos que estejam fora dos limites de controle.
- Registro das informações importantes que devem constar no gráfico, como título, unidade de inspeção, período de coleta dos dados e método de inspeção.
- Interpretação do gráfico construído, com a análise do comportamento dos pontos no gráfico e a verificação de controle estatístico do processo.
- Análise do estado de controle alcançado, que deve ser adequado ao processo, em conformidade com considerações técnicas e econômicas.
- Revisão periódica dos valores dos limites de controle.

Para saber mais

O vídeo indicado a seguir mostra algumas das aplicações do controle estatístico de processo e a construção do gráfico p, constituído de cartas de controle, que monitoram dados do tipo atributo.

CEP – cartas de controle por atributos tipo P. **É Fácil Aprender**, 13 nov. 2016. Disponível em: <https://www.youtube.com/watch?v=cB-JgI5u9zk> Acesso em: 12 jan. 2023.

Exercícios resolvidos

1) Uma empresa metalúrgica que produz bombas injetoras para sistemas a *diesel* decidiu construir um gráfico de controle p para a linha de produção de um dos tipos de peças que ela fabrica. Depois de realizada uma coleta de 20 amostras preliminares, cujo tamanho é n = 100, cada, a empresa identificou a quantidade de peças defeituosas e a proporção de defeitos em cada amostra. Esses dados são representados na tabela seguinte, respeitando-se a sequência de produção:

Tabela A – Coleta de 20 amostras preliminares de mesmo tamanho

N. de amostra	N. de defeitos	Proporção de defeitos
1	21	0,21
2	25	0,25
3	16	0,16
4	30	0,3
5	15	0,15
6	17	0,17
7	23	0,23
8	28	0,28
9	26	0,26
10	25	0,25
11	22	0,22
12	30	0,3
13	10	0,1
14	20	0,2
15	16	0,16
16	15	0,15
17	25	0,25
18	18	0,18
19	11	0,11
20	12	0,12

Após a elaboração do gráfico de controle, qual a constatação da empresa?

Resolução

Nesse processo, como o tamanho de cada amostra é n = 100, e o número de amostras é k = 20, a média de proporções individuais dos itens defeituosos é:

$$\bar{p} = \frac{1}{k}\sum_{i=1}^{k}\left(\frac{x_i}{n}\right).$$

$$\bar{p} = \frac{1}{20}\sum_{i=1}^{20}\left(\frac{x_i}{100}\right) = \frac{1}{20} \cdot \frac{405}{100} = 0,2025$$

Assim, o cálculo dos limites é:

$$LSC = \bar{p} + 3\sqrt{\frac{\bar{p}(1-\bar{p})}{n}} = 0,2025 + 3\sqrt{\frac{0,2025(1-0,2025)}{100}} = 0,3231$$

$$LM = \bar{p} = 0,2025$$

$$LIC = \bar{p} - 3\sqrt{\frac{\bar{p}(1-\bar{p})}{n}} = 0,2025 - 3\sqrt{\frac{0,2025(1-0,2025)}{100}} = 0,0819$$

Disso deriva o seguinte gráfico:

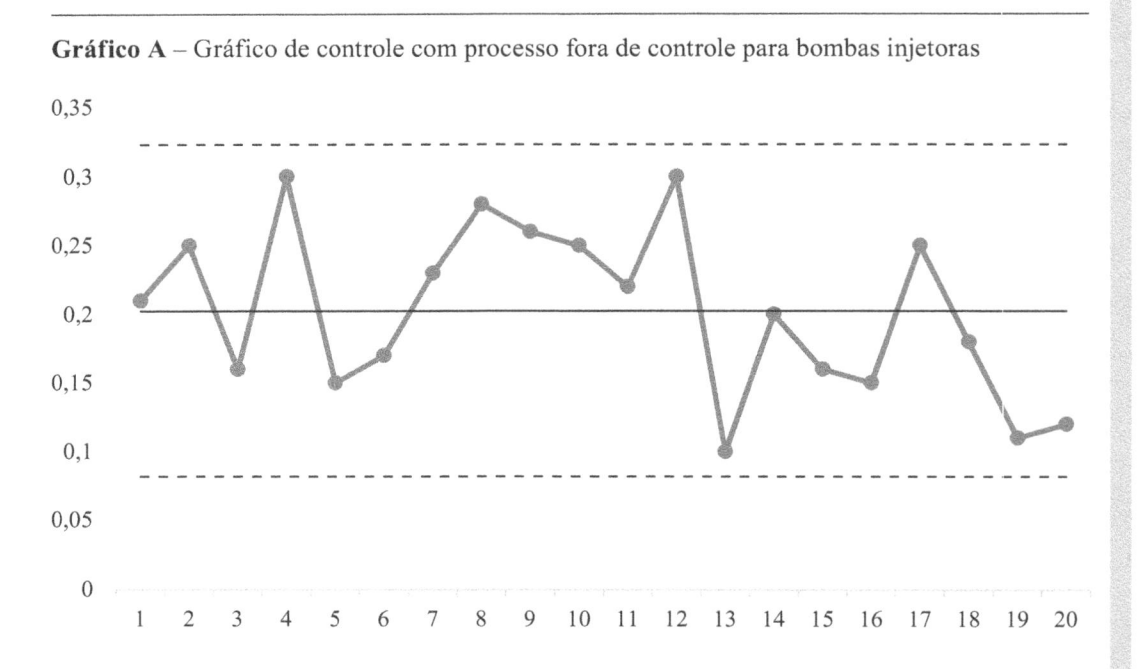

Gráfico A – Gráfico de controle com processo fora de controle para bombas injetoras

[Gráfico com eixo y variando de 0 a 0,35 e eixo x de 1 a 20, mostrando pontos oscilando em torno de 0,2, com limites de controle em aproximadamente 0,1 e 0,33]

Resposta

Após a construção do gráfico, a empresa constatou que o processo está sob controle estatístico, mas percebeu que a proporção de produtos defeituosos está muito elevada (em torno de 20%), o que gerou a necessidade de aplicação de melhorias para aumentar o nível de qualidade.

Esse exercício resolvido evidencia que a construção do gráfico de controle p viabiliza a identificação de elevada proporção de produtos defeituosos fabricados. Com a aplicação dessa ferramenta, encontram-se possibilidades para solucionar o problema, por meio da implementação de ações de melhoria e pela revisão periódica dos limites de controle, objetivando o aumento do nível de qualidade dos resultados.

4.2 Gráfico de controle para o número de defeitos em unidades de mesmo tamanho

Também chamado de *gráfico c*, o gráfico de controle para o número de defeitos é utilizado nas situações em que é necessário controlar o número total de defeitos em uma unidade do produto.

Para construir esse gráfico, são tomadas amostras com a mesma quantidade de produto ou itens. Também se assume que o número de não conformidades por unidade de inspeção é uma variável aleatória, a qual é representada por x, em que x ~ Poisson (λ)

O gráfico de controle para não conformidades auxilia no controle dessa frequência e é modelado pela distribuição de Poisson quando as condições são satisfeitas. É importante observar que:

- as não conformidades ocorrem de maneira aleatória em cada unidade de inspeção;
- a probabilidade de não conformidades é constante em toda a unidade de inspeção;
- o número de chances de localizar não conformidades em cada unidade de inspeção é infinitamente grande.

A distribuição de Poisson descreve os padrões de ocorrência de eventos em um intervalo de tempo ou em uma unidade de espaço, como comprimento, área ou volume. Para sua aplicação, fixa-se a unidade de tempo ou de espaço e contam-se o número de ocorrências do evento nessa unidade. Então, se x é a variável com distribuição de Poisson de parâmetro λ, a probabilidade P de x assumir o valor particular k é dada por:

$$P(x = k) = \frac{e^{-\lambda} \cdot \lambda^k}{k!} \quad \text{(Equação 4.14)}$$

em que: o parâmetro λ representa um número real que corresponde ao número de ocorrências esperadas em determinado intervalo de tempo; k é um número positivo que corresponde à quantidade de vezes que o evento ocorre em um intervalo de tempo, ou seja, k = 0, 1, 2, 3...; e, por fim, e corresponde ao número de Euler.

Para saber mais

Para aprofundar o entendimento sobre a distribuição binomial, distribuição de Poisson e diferença entre elas, acesse o endereço eletrônico indicado a seguir, no qual é possível rever alguns conceitos de estatística e suas aplicações.

MACIEL, B. **Distribuição de Poisson**. 22 out. 2015. Disponível em: <https://sites.google.com/site/estatisticabasicacc/conteudo/probabilidade/distriuicoes-teoricas-de-probabilidades-de-variaveis-aleatorias-discretas/distribuicao-de-poisson>. Acesso em: 16 jan. 2023.

Na distribuição de Poisson, a média E(x), a variância VAR(x) e a distribuição são iguais ao parâmetro λ, ou seja, são determinadas pelas expressões:

$$E(x) = \lambda \quad \text{(Equação 4.15)}$$

$$VAR(x) = \sigma^2 = \lambda \quad \text{(Equação 4.16)}$$

Os limites de controle do gráfico são dados por $\lambda \pm 3\sigma$. Então, para o cálculo dos limites de controle do gráfico, faz-se:

$$LSC = \lambda + 3\sqrt{\lambda} \quad \text{(Equação 4.17)}$$

$$LM = \lambda \quad \text{(Equação 4.18)}$$

$$LIC = \lambda - 3\sqrt{\lambda} \quad \text{(Equação 4.19)}$$

Quando o valor do parâmetro λ é desconhecido, é necessário fazer uma estimativa com os dados amostrais. Assim, são usadas k amostras preliminares do processo; cada uma delas consiste em uma ou n unidades de inspeção, as quais permitem estimar o número médio de não conformidades $\bar{\lambda}$ do processo que operam sob controle. Dessa forma, os limites de controle do gráfico são definidos por:

$$LSC = \bar{\lambda} + 3\sqrt{\bar{\lambda}} \quad \text{(Equação 4.20)}$$

$$LM = \bar{\lambda} \quad \text{(Equação 4.21)}$$

$$LIC = \bar{\lambda} - 3\sqrt{\bar{\lambda}} \quad \text{(Equação 4.22)}$$

As etapas de construção e utilização do gráfico de controle para a proporção de não conformes em amostras de mesmo tamanho envolvem estas ações:

- Coleta de dados: etapa em que é realizada a coleta de k amostras; cada amostra consiste em uma ou n unidades de inspeção.
- Definição do número de não conformidades da amostra.
- Definição do número médio de não conformidades.
- Cálculo dos limites de controle.
- Definição dos limites de controle.
- Marcação dos pontos dos k valores de não conformidades no gráfico, circulando-se os pontos que estejam fora dos limites de controle.
- Registro das informações importantes que devem constar no gráfico, como título, unidade de inspeção, período de coleta dos dados, e método de inspeção.
- Interpretação do gráfico construído, com a análise do comportamento dos pontos no gráfico e a verificação de controle estatístico do processo.
- Análise do estado de controle alcançado, que deve mostrar-se adequado ao processo, de acordo com considerações técnicas e econômicas.
- Revisão periódica dos valores dos limites de controle.

Exercícios resolvidos

2) Uma empresa realizou uma inspeção em seus produtos fabricados a fim de avaliar as não conformidades; a cada hora, 10 peças eram selecionadas e inspecionadas. O número de não conformidades em cada amostra de 10 peças foi registrado com vistas ao controle do processo. Os resultados obtidos para 20 amostras estão representados na tabela a seguir.

Tabela B − Amostras para efeito de controle de não conformidades

Número da amostra	Não conformidades (n)
1	10
2	8
3	14
4	23
5	18
6	20
7	12
8	4
9	17
10	17
11	19
12	15
13	6
14	20
15	16
16	5
17	13
18	6
19	11
20	23

Após a elaboração do gráfico de controle, qual foi a constatação correta da empresa?

Resolução

Considerando-se os registros da tabela de não conformidades, o valor total de não conformidades é igual a 277, e o número de amostras é k = 20. Determinando o valor médio de não conformidades $\bar{\lambda}$, encontra-se:

$$\bar{\lambda} = \frac{\sum_{i=1}^{k} \lambda_i}{k} = \frac{277}{20} = 13,85$$

Assim, aparecem, em média, 13,85 não conformidades em cada amostra. Calculando os limites de controle LSC, LM e LIC, pelas Equações 4.7, 4.8 e 4.9, respectivamente:

$$\text{LSC} = \bar{\lambda} + 3\sqrt{\bar{\lambda}} = 13,85 + 3\sqrt{13,85} = 25,01$$

$$\text{LM} = \bar{\lambda} = 13,85$$

$$\text{LIC} = \bar{\lambda} - 3\sqrt{\bar{\lambda}} = 13,85 - 3\sqrt{13,85} = 2,685$$

Dessa forma, o gráfico pode ser assim representado:

Gráfico B – Gráfico de controle com processo fora de controle

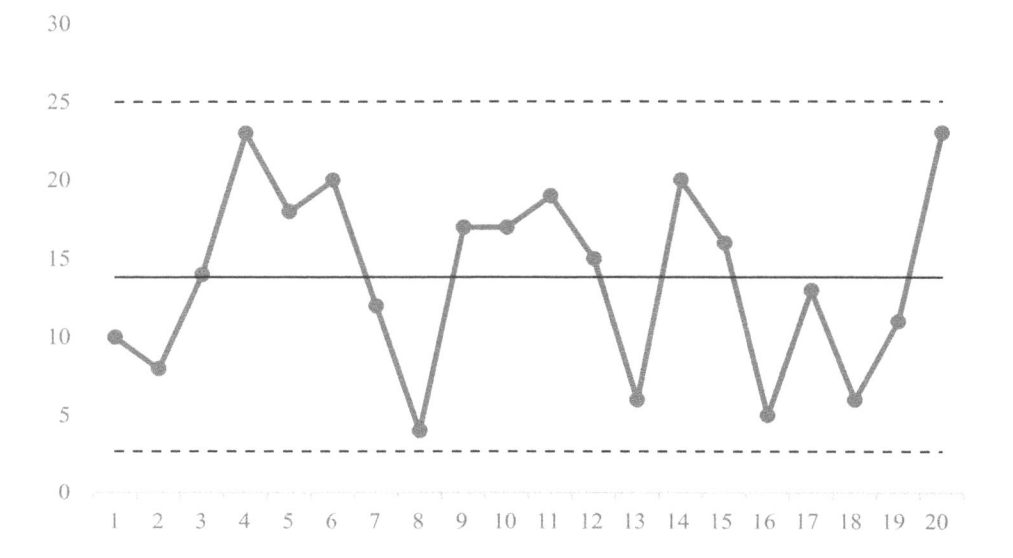

Resposta

Mediante a análise do gráfico, a empresa constatou que o processo estava sob controle, uma vez que não há pontos fora dos limites de controle, tampouco existem configurações não aleatórias.

Contudo, apesar de o processo estar sob controle estatístico, aferiu-se cerca de 14 defeitos por grupos de 10 peças, o que não é um bom resultado. Portanto, mesmo que o processo apresentado nesse exemplo tenha se mostrado sob controle estatístico, é necessário examinar a produção com cautela, a fim de identificar problemas e procurar soluções que visem à implementação de ações de melhoria e à revisão periódica dos limites de controle.

4.3 Gráfico de controle para a proporção de defeitos em amostras de tamanho variável

Há situações em que o tamanho da amostra é variável. Nesses casos, há três maneiras diferentes de construir o gráfico, as quais detalharemos a seguir.

1) Levando-se em consideração o tamanho da amostra em cada subgrupo n_i neste processo, a média de proporções individuais dos itens defeituosos de k amostras é dada por:

$$\bar{p} = \frac{\sum_{i=1}^{k}(x_i)}{\sum_{i=1}^{k}(n_i)} \quad \text{(Equação 4.23)}$$

Os limites de controle do gráfico então ficam:

$$LSC = \bar{p} + 3\sqrt{\frac{\bar{p}(1-\bar{p})}{n_i}} \quad \text{(Equação 4.24)}$$

$$LM = \bar{p} \quad \text{(Equação 4.25)}$$

$$LIC = \bar{p} - 3\sqrt{\frac{\bar{p}(1-\bar{p})}{n_i}} \quad \text{(Equação 4.26)}$$

2) Levando-se em consideração o tamanho médio da amostra n_i, recorre-se a um método utilizado com frequência quando os tamanhos das amostras não são muito diferentes entre si. O tamanho médio da amostra é dado por:

$$\bar{n} = \frac{\sum_{i=1}^{k}(n_i)}{k} \quad \text{(Equação 4.27)}$$

Os limites de controle do gráfico são:

$$LSC = \bar{p} + 3\sqrt{\frac{\bar{p}(1-\bar{p})}{\bar{n}}} \quad \text{(Equação 4.28)}$$

$$LM = \bar{p} \quad \text{(Equação 4.29)}$$

$$LIC = \bar{p} - 3\sqrt{\frac{\bar{p}(1-\bar{p})}{\bar{n}}} \quad \text{(Equação 4.30)}$$

3) Levando-se em consideração o controle padronizado, nesse caso, os valores dos limites do gráfico são:

$$LSC = 3 \quad \text{(Equação 4.31)}$$

$$LM = 0 \quad \text{(Equação 4.32)}$$

$$LIC = -3 \quad \text{(Equação 4.33)}$$

A variável que é plotada no gráfico é dada pela seguinte expressão:

$$Z_i = \frac{(\widehat{p}_i - \overline{p})}{\sqrt{\dfrac{\overline{p}(1-\overline{p})}{n_i}}} \quad \text{(Equação 4.34)}$$

Em que $\overline{p}$ a fração não conforme do processo sob controle, caso seja dado um valor-padrão; e $\widehat{p}_i$ o porcentual de não conformes.

Exercícios resolvidos

3) A tabela a seguir mostra o número de peças não conformes coletadas em 25 amostras de tamanhos diferentes de uma fábrica que produz parafusos. Construa o gráfico de controle correspondente.

Tabela C – Amostra de 25 parafusos não conformes

	Não conformes (x_i)	Tamanho da amostra (n)
1	12	100
2	8	80
3	6	80
4	9	100
5	10	110
6	12	110
7	11	100
8	16	100
9	10	90
10	6	90
11	20	110
12	15	120
13	9	120
14	8	120
15	6	110
16	8	80
17	10	80
18	7	80
19	5	90
20	8	100
21	5	100
22	8	100
23	10	100
24	6	90
25	9	90

Resolução

Nesse caso, o tamanho n de cada amostra coletada muda. Somando-se o número total de não conformes, encontra-se $x_i = 234$, e somando-se o número total do tamanho das amostras, obtém-se n = 2.450.

Na construção do gráfico de controle para a proporção de defeitos em amostras de tamanho variável, levando-se em consideração o tamanho da amostra em cada subgrupo n_i, calcula-se a média das proporções individuais de itens defeituosos de k amostras, o que resulta em:

$$\bar{p} = \frac{\sum_{i=1}^{k}(x_i)}{\sum_{i=1}^{k}(n_i)} = \frac{234}{2.450} = 0{,}0955$$

Ao determinar o valor dos limites de controle do gráfico, temos:

$$LSC = \bar{p} + 3\sqrt{\frac{\bar{p}(1-\bar{p})}{n_i}} = 0{,}0955 + 3\sqrt{\frac{0{,}0955(1-0{,}0955)}{90}} = 0{,}188$$

$$LM = \bar{p} = 0{,}0955$$

$$LIC = \bar{p} - 3\sqrt{\frac{\bar{p}(1-\bar{p})}{n_i}} = 0{,}0955 - 3\sqrt{\frac{0{,}0955(1-0{,}0955)}{90}} = 0{,}0025$$

Resposta

Logo, o gráfico poderá ser assim representado:

Gráfico C – Gráfico de controle para a proporção de defeitos em amostras de tamanho variável

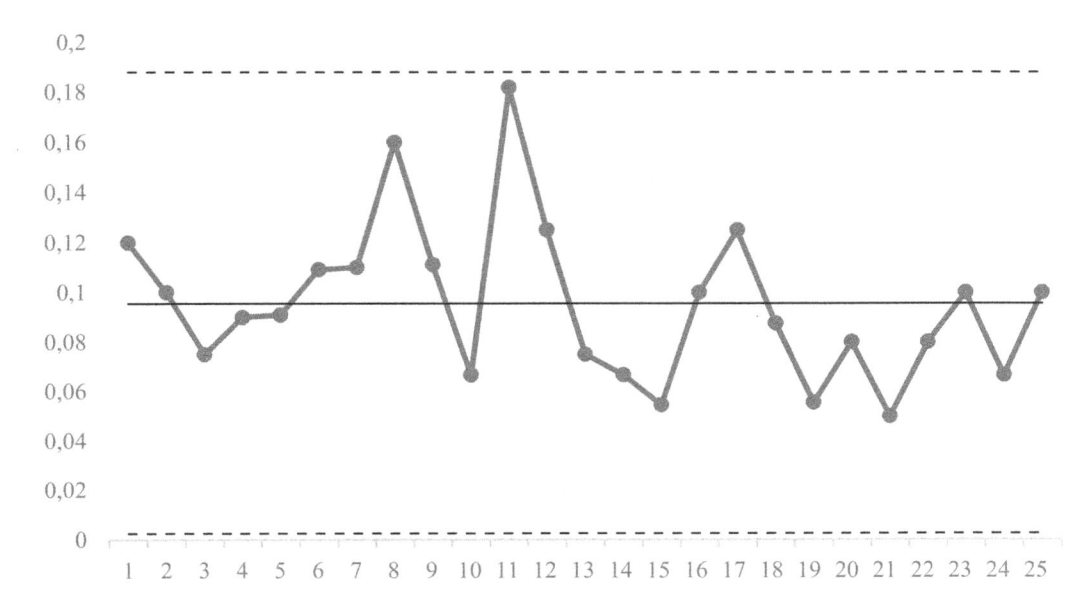

No exercício anterior, aplicamos apenas um dos tipos possíveis de gráfico de controle para a proporção de defeitos em amostras de tamanho variável, mas é possível aplicar mais de um, se a empresa ou o gestor julgar necessário.

4.4 Gráfico de controle para o número médio de defeitos por unidade

Muitas vezes, é preciso controlar a taxa de defeitos por unidade, pois o número de unidades pode variar. Assim, o gráfico de controle utilizado é o chamado *gráfico u*. Nesse tipo gráfico de controle, toma-se como base o número médio de defeitos por unidade de inspeção.

Basicamente, redefine-se o valor de x, que é o total de defeitos na amostra de n unidades de inspeção, e calcula-se o número médio de defeitos u por unidade de inspeção, ou seja:

$$u = \frac{x}{n} \quad \text{(Equação 4.35)}$$

Nesse processo, u também segue a distribuição Poisson, o que significa que x ~ Poisson (λ) em que a média $E(x) = \lambda$ e a variância $VAR(x) = \lambda$, assim como no gráfico c. Como o valor de u = x/n, tem-se que:

$$E(u) = \frac{E(x)}{n} = \frac{\lambda}{n} \quad \text{(Equação 4.36)}$$

$$VAR(u) = \frac{VAR(x)}{n^2} = \frac{\lambda}{n^2} = \frac{\lambda}{n \cdot n} = \frac{E(u)}{n} \quad \text{(Equação 4.37)}$$

Assim, o desvio-padrão será dado por:

$$\sigma = \sqrt{\frac{E(u)}{n}} \quad \text{(Equação 4.38)}$$

Assim como no gráfico c, o número médio de defeitos por unidade E(u) não é conhecido e normalmente precisa ser estimado. Considerando que $\bar{u}$ é o número médio amostral de defeitos por unidade, dado por

$$\bar{u} = \frac{\sum_{i=1}^{k} u_i}{k} \quad \text{(Equação 4.39)}$$

em que k é o número de amostras, então os limites de controle do gráfico serão definidos por:

$$LSC = \bar{u} + 3\sqrt{\frac{\bar{u}}{\bar{n}}} \quad \text{(Equação 4.40)}$$

$$LM = \bar{u} \quad \text{(Equação 4.41)}$$

$$LIC = \bar{u} - 3\sqrt{\frac{\bar{u}}{\bar{n}}} \quad \text{(Equação 4.42)}$$

Quando o tamanho da amostra é variável, os limites de controle variam inversamente de modo proporcional à raiz quadrada do tamanho da amostra n_i, usando-se as seguintes expressões:

$$u_i = \frac{x_i}{n_i} \quad \text{(Equação 4.43)}$$

$$\bar{u} = \frac{\sum_{i=1}^{n} x_i}{\sum_{i=1}^{n} n_i} \quad \text{(Equação 4.44)}$$

$$LSC = \bar{u} + 3\sqrt{\frac{\bar{u}}{n_i}} \quad \text{(Equação 4.45)}$$

$$LM = \bar{u} \quad \text{(Equação 4.46)}$$

$$LIC = \bar{u} - 3\sqrt{\frac{\bar{u}}{n_i}} \quad \text{(Equação 4.47)}$$

Exercícios resolvidos

4) Uma empresa de refrigeradores coletou 20 amostras de sua linha de produção de geladeiras; cada amostra continha 5 produtos, das quais foram analisados os itens defeituosos. A tabela inicial fornecida pelo responsável técnico, após a coleta dos dados, foi assim representada:

Tabela D – Amostra de geladeiras para avaliação de defeitos

Número da amostra	Tamanho da amostra (n)	Não conformidade por unidade
1	5	10
2	5	12
3	5	8
4	5	14
5	5	10
6	5	16
7	5	11
8	5	7
9	5	10
10	5	15
11	5	9
12	5	5
13	5	7
14	5	11
15	5	12
16	5	6
17	5	8
18	5	10
19	5	7
20	5	5

Após a elaboração do gráfico de controle, qual foi a constatação correta da empresa?

Resolução

Depois de calcular o número médio de defeitos u por unidade de inspeção, $u = \dfrac{x}{n}$, acrescentou-se uma quarta coluna na tabela, que ficou da seguinte forma:

Tabela E – Amostra de geladeiras para avaliação, com número de defeitos por unidade de inspeção

Número da amostra	Tamanho da amostra (n)	Não conformidade por unidade	u
1	5	10	2
2	5	12	2,4
3	5	8	1,6
4	5	14	2,8
5	5	10	2
6	5	16	3,2
7	5	11	2,2
8	5	7	1,4
9	5	10	2
10	5	15	3
11	5	9	1,8
12	5	5	1
13	5	7	1,4
14	5	11	2,2
15	5	12	2,4
16	5	6	1,2
17	5	8	1,6
18	5	10	2
19	5	7	1,4
20	5	5	1

Calculando o número médio amostral de defeitos por unidade, obtém-se:

$$\bar{u} = \frac{\sum_{i=1}^{k} u_i}{k}$$

$$\bar{u} = \frac{38,6}{20} = 1,93$$

Portanto, os limites de controle do gráfico serão:

$$LSC = \bar{u} + 3\sqrt{\frac{\bar{u}}{\bar{n}}} = 1,93 + 3\sqrt{\frac{1,93}{5}} = 3,79$$

$$LM = \bar{u} = 1,93$$

$$LIC = \bar{u} - 3\sqrt{\frac{\bar{u}}{\bar{n}}} = 1,93 - 3\sqrt{\frac{1,93}{5}} = 0,066$$

Após os cálculos dos limites, o gráfico apresentado foi o seguinte:

Gráfico D – Gráfico de controle de amostra de geladeiras para avaliação de defeitos

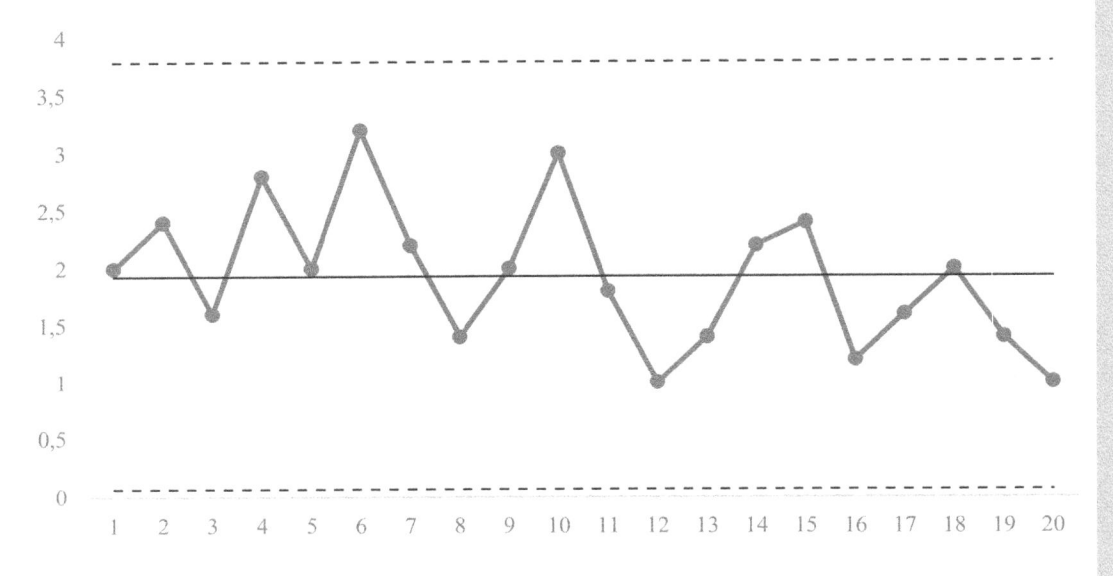

Resposta

Nesse exemplo, nenhum ponto está fora dos limites de controle e nenhum padrão não aleatório foi identificado; logo, o processo está sob controle estatístico. Como foi verificada a ocorrência de muitos defeitos, será possível determinar os problemas que causam esses defeitos, a fim de melhorar o processo.

4.5 Estudo de caso

Nesta seção, apresentaremos as aplicações do gráfico de controle para atributos em serviços por meio de um estudo de caso, a fim de aprofundarmos o conhecimento sobre o tema.

No artigo "Cartas de controle por atributo: um estudo de caso aplicado a um processo de leitura óptica de cartões", Corrêa, Soares e Silva (2004) discutem a aplicabilidade da carta de controle por atributo para a diminuição significativa do número de erros cometidos no processo de leitura em avaliações educacionais em larga escala, realizado pela Fundação Centro de Políticas Públicas e Avaliação da Educação (CAEd), do estado de Minas Gerais, com o objetivo de garantir a qualidade dos serviços prestados pelo CAEd.

De acordo com os autores, o CAEd é um núcleo acadêmico da Universidade de Juiz de Fora (UFJF), de caráter interinstitucional, que contempla, entre seus projetos, o Sistema Mineiro de Avaliação e Equidade da Educação Pública (Simave). Trata-se de um sistema de avaliação educacional da Secretaria de Estado de Educação de Minas Gerais (SEE/MG) que consiste na aplicação de um teste avaliativo para toda a rede pública do estado de Minas Gerais, cujo objetivo é avaliar o nível de apropriação de conhecimentos e habilidades alcançado pelos estudantes nas disciplinas de Língua Portuguesa e Matemática. As respostas do caderno de teste são marcadas pelos alunos em cartões de respostas, que passam por uma leitura óptica no próprio CAEd; assim, os dados coletados por essa leitura constituem o principal objeto de análise e de publicação do Centro.

O processo de análise consistiu nas etapas de pré-análise, análise e pós-análise do material recebido pelo CAEd, composto de cadernos de testes e cartões de respostas. Na ocasião do referido estudo de caso, todo o processo de construção do gráfico de controle foi realizado após a regulagem da leitora óptica, uma vez que se considerou como causa essencial dos erros cometidos no processo de leitura a desregulagem da leitora de cartões. Após a identificação dos erros, foram eliminadas as causas especiais desse processo de leitura, construindo-se, na sequência, um gráfico de controle por atributo *np*, que se baseia na distribuição binomial.

A hipótese levantada foi a de funcionamento inadequado da leitura de cartões, sem a interferência de causas especiais. Nesse caso, p é a probabilidade de um cartão ser rejeitado, e 1-p, a probabilidade de o cartão não ser rejeitado. Para n cartões, foi definido X como a variável que representa o número de cartões rejeitados; portanto, X segue uma distribuição binomial com parâmetros n e p. Os limites de controle foram determinados por:

$$LSC = n\bar{p} + 3\sqrt{n\bar{p}(1-\bar{p})} \quad \text{(Equação 4.48)}$$

$$LM = n\bar{p} \quad \text{(Equação 4.49)}$$

$$LIC = n\bar{p} - 3\sqrt{n\bar{p}(1-\bar{p})} \quad \text{(Equação 4.50)}$$

em que $\bar{p}$ é o estimado da probabilidade p desconhecida.

Foram feitas 30 observações com n = 200 para a construção dos limites de controle, considerando-se que, se o processo apresentasse um comportamento aleatório em torno da média e se todos os 30 pontos estivessem dentro dos limites de controle, estaria confirmado o estado de controle estatístico do processo, sem a interferência de causas especiais; do contrário, seriam então eliminadas as amostras responsáveis por essa falta de controle, e os limites, recalculados.

No final do processo de leitura óptica, o banco de dados foi separado em blocos de 5.000 casos, tendo sido retiradas, com a técnica de amostragem sistemática, amostras de 200 casos, ocasião em que também foram contabilizados os números de cartões rejeitados. Quando verificadas as alterações nos limites de controle pelo operador, foi realizada a conferência dos cartões rejeitados, referentes ao bloco de cartões identificados, a fim de detectar a causa do alto índice de rejeição. Quando a causa identificada era, de fato, a ocorrência de erros no preenchimento dos cartões, o processo de análise prosseguia; caso contrário, isto é, se fosse constatado erro na máquina, os cartões seguiam para a etapa de digitação, na qual eram adicionados manualmente ao banco de dados.

Assim, por meio do Simave 2003, foi possível aplicar os gráficos de controle, cujos resultados, subdivididos por séries, foram os seguintes:

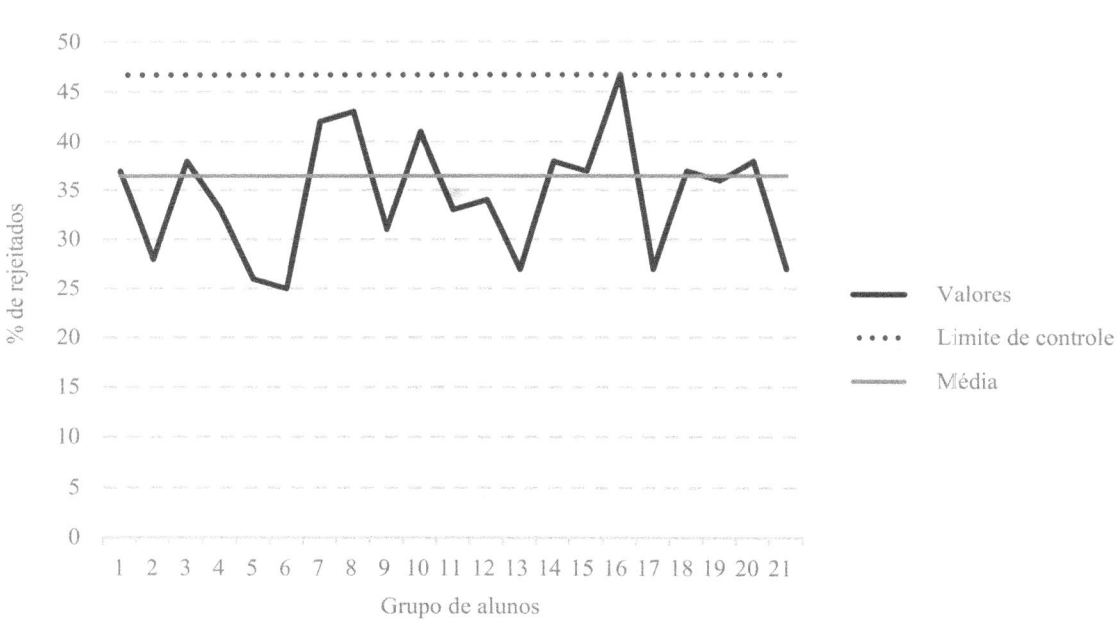

Gráfico 4.2 – Porcentual de cartões rejeitados da 4ª série

Fonte: Corrêa; Soares; Silva. 2004, p. 1.913.

Gráfico 4.3 – Porcentual de cartões rejeitados da 8ª série

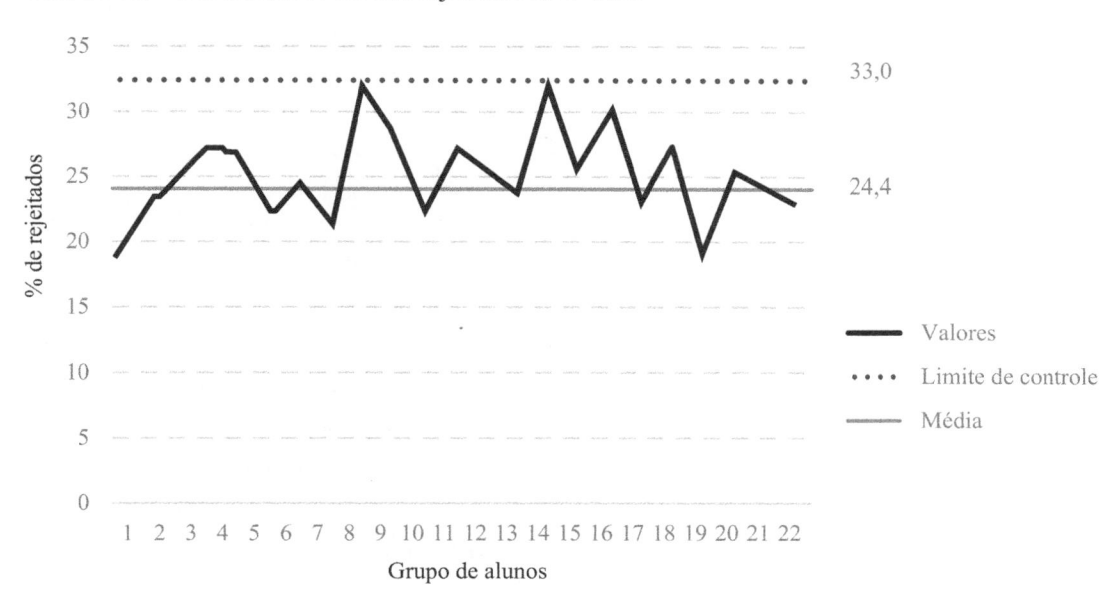

33,0

24,4

Fonte: Corrêa; Soares; Silva, 2004, p. 1.913.

Gráfico 4.4 – Porcentual de cartões rejeitados da 11ª série

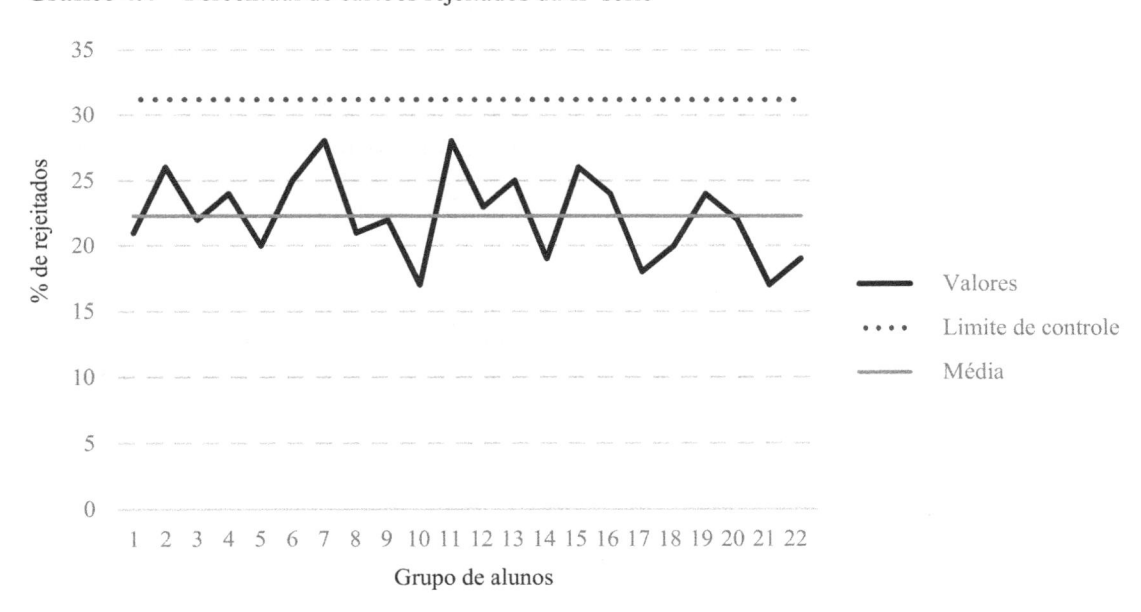

Fonte: Corrêa; Soares; Silva, 2004, p. 1.914.

Com base na análise dos gráficos de controle obtidos, é possível observar que os limites superiores de controle não foram ultrapassados e os pontos não apresentaram padrão, o que indica ausência de evidências para acusar erros da máquina durante o processo.

SÍNTESE

Neste capítulo, abordamos os gráficos de controle para atributos, uma das ferramentas da qualidade que possibilitam mensurar e analisar eventuais problemas.

Demonstramos como o gráfico para a proporção de não conformes em amostras de mesmo tamanho ajuda na aferição e na estabilidade dos processos, visando à redução de suas variações e à garantia da qualidade de seus resultados. Esse tipo de gráfico, também chamado de *gráfico p*, é aplicado para controlar a porcentagem ou a porção defeituosa na amostra, usando-se, para isso, a distribuição binomial.

Já o gráfico para o número de defeitos em unidades de mesmo tamanho, também chamado de *gráfico c*, é utilizado para controlar o total de defeitos em uma unidade do produto, sendo modelado pela distribuição de Poisson.

Por seu turno, o gráfico de controle de proporção de defeitos em amostras de tamanho variável é usado quando o tamanho da amostra não é constante. Destacamos que há três maneiras de construir esse gráfico, levando-se em consideração o tamanho da amostra em cada subgrupo n_i, o tamanho médio da amostra n_j, ou o controle padronizado.

Por fim, o gráfico de controle para o número médio de defeitos por unidade, também chamado de *gráfico u*, é usado para avaliar situações em que é preciso controlar a taxa de defeitos por unidade, pois, nesses casos, o número de unidades pode variar, seguindo a distribuição Poisson.

QUESTÕES PARA REVISÃO

1) Em algumas situações, é preciso controlar a taxa de defeitos por unidade, pois o número de unidades pode variar. Nesses casos, qual é o gráfico de controle a ser utilizado?

   a. Gráfico u.
   b. Gráfico v.
   c. Gráfico c.
   d. Gráfico d.
   e. Gráfico x-R.

2) Analise as assertivas a seguir e indique V para as verdadeiras e F para as falsas:

( ) No gráfico de controle p, é possível identificar uma elevação da proporção de produtos defeituosos fabricados em um processo.

( ) No gráfico de controle p para a proporção de não conformes, é recomendado fazer a coleta de k amostras, sendo, em geral, k igual a 20 ou 25, de tamanho n.

( ) Após a construção do gráfico p, se um ponto estiver acima do LCS, isso indica que o processo apresentou uma piora.

( ) O gráfico u é elaborado com base no número total de defeitos por unidade de inspeção.

3) Avalie as sentenças a seguir.

I. Quando as não conformidades ocorrem de maneira aleatória em cada unidade de inspeção, podemos utilizar o gráfico de controle para não conformidades em unidades de mesmo tamanho.

II. No gráfico c, a probabilidade de não conformidades é constante em toda unidade de inspeção.

III. O gráfico c é modelado pela distribuição de Poisson, sendo possível controlar o número médio de defeitos em uma amostragem.

As sentenças corretas são:

a. apenas I.
b. apenas I e II.
c. apenas II e III.
d. apenas I e III.
e. I, II e III.

4) Quando o tamanho da amostra não é constante, há três maneiras diferentes de construir o gráfico de controle para proporção de defeitos. Explique como utilizar corretamente essas três maneiras.

5) Para construir e utilizar o gráfico de controle para a proporção de não conformes em amostras de mesmo tamanho, são observadas algumas etapas que facilitam a execução do gráfico corretamente. Quais são essas etapas?

Questões para reflexão

1) Explique como você construiria o gráfico de controle para a proporção de não conformes em amostras de mesmo tamanho em uma situação prática.

2) É possível aplicar o gráfico de controle para atributos ao contexto de sua residência? Como?

Conteúdos do capítulo
- Gráficos de controle X-barra e R.
- Gráficos de controle X-barra e S.
- Gráfico de controle para medidas individuais.
- Fundamentação estatística dos gráficos de controle.
- Capacidade do processo.

Após o estudo deste capítulo, você será capaz de:
1. reconhecer e construir os gráficos de controle X-barra e R;
2. reconhecer e construir os gráficos de controle X-barra e S;
3. reconhecer e construir o gráfico de controle para medidas individuais;
4. explicar a fundamentação estatística dos gráficos de controle;
5. avaliar a capacidade do processo.

5
Gráficos de controle para variáveis

No capítulo anterior, constatamos que os processos apresentam variações inevitáveis. Como essas variações podem ser causadas por fatores inerentes ao processo, a ação de controlá-las é determinante para que uma empresa seja capaz de ofertar produtos e serviços de qualidade. Nesse sentido, foram abordados os gráficos de controle para atributos, cujas medidas neles representadas resultam de contagens do número de itens dos produtos que podem apresentar atributo.

Neste capítulo, analisaremos os gráficos de controle para variáveis, os quais são úteis para avaliar se as características da qualidade de um produto são formadas por números constantes em uma escala contínua de medidas. Com a utilização desses gráficos, é possível avaliar o tamanho de uma peça ou o tempo relacionado à entrega de uma mercadoria, por exemplo.

A seguir, trataremos de alguns dos gráficos de controle para variáveis, também conhecidos como *gráficos de controle de Shewhart*, que são: o gráfico da média $\overline{X}$, o gráfico da amplitude R, o gráfico do desvio-padrão S; e o gráfico de medidas individuais x.

5.1 Gráficos de controle $\overline{X}$ (ou *X-barra*) e R

Para obter o controle de variáveis, são aplicados os métodos de monitoramento de determinado processo, observando uma ou mais variáveis quantitativas; assim, para cada produto fabricado, avaliam-se os valores de um conjunto de medidas numéricas, que são características desse produto. Por exemplo, o diâmetro de uma peça, produzida por determinada empresa, que deve atender a uma padronização para que a qualidade não mude com o tempo.

Assim, se a característica da qualidade do produto que está sendo observado for representada por um número em uma escala contínua de medida, será possível utilizar dois dos seguintes gráficos de controle: o gráfico da média $\overline{X}$ e o gráfico da amplitude R. Esses são os dois gráficos mais utilizados em situações como essa e devem ser aplicados de forma simultânea.

O que é

O gráfico $\bar{X}$ é aplicado para controlar a média do processo, e o gráfico R, para controlar a variabilidade do processo.

Esclarecemos que x representa a característica da qualidade observada em uma distribuição normal, com média µ e desvio-padrão σ. Essa relação é assim representada:

$$x \sim N(\mu, \sigma) \quad \text{(Equação 5.1)}$$

Então, se $x_1, x_2, x_3, \ldots, x_n$ representa uma amostra de tamanho n dessa distribuição, a média amostral é dada por:

$$\bar{X} = \frac{x_1 + x_2 + x_3 + \ldots + x_n}{n} \quad \text{(Equação 5.2)}$$

com distribuição normal com média μ e desvio-padrão dado por:

$$\sigma_{\bar{X}} = \frac{\sigma}{\sqrt{n}} \quad \text{(Equação 5.3)}$$

Abreviando

$$\bar{X} \sim N\left(\mu, \frac{\sigma}{\sqrt{n}}\right) = N(\mu, \sigma_{\bar{X}}) \quad \text{(Equação 5.4)}$$

Pelas propriedades da distribuição normal e aplicando o sistema 3σ, existe uma probabilidade igual a 1 − α e que a média amostral esteja entre:

$$\mu + 3 \cdot \frac{\sigma}{\sqrt{n}} \quad \text{(Equação 5.5)}$$

e

$$\mu - 3 \cdot \frac{\sigma}{\sqrt{n}} \quad \text{(Equação 5.6)}$$

A Equação 5.5 é o limite superior e a Equação 5.6 é o limite inferior de controle para o gráfico de controle para a média, quando µ e σ são conhecidos.

Quando da ocorrência de um valor da média amostral fora desse intervalo, configura-se indício de que há causas especiais de variação no processo, que resultam na modificação da média, a qual não será igual a µ; o desvio-padrão será diferente de σ; ou até mesmo ambos. Esse fato se mostra válido, pois 99% das observações da média amostral estão presentes no intervalo $\mu \pm 3 \cdot \sigma/\sqrt{n}$. Nesse caso, o processo está fora de controle estatístico, o que gera a necessidade de realizar uma investigação das causas especiais responsáveis por essa situação.

Para saber mais

Assista ao vídeo *indicado a seguir*, que trata do uso do desvio-padrão em cálculos relativos a processos produtivos.

ESTATÍSTICA: como calcular e utilizar o desvio-padrão em um processo produtivo. **Engenheiro de Plantão**, 21 fev. 2017. Disponível em: <https://www.youtube.com/watch?v=MJVDPGC77gU>. Acesso em: 16 jan. 2023.

Em regra, os valores da média μ e do desvio-padrão σ não são conhecidos, sendo, portanto, estimados pela utilização de dados amostrais, com m amostras; e cada amostra, por sua vez, com n observações da característica da qualidade. A média μ é estimada usando-se a média global da amostra, ou seja:

$$\overline{\overline{X}} = \frac{\overline{x_1} + \overline{x_2} + \overline{x_3} + \ldots + \overline{x_m}}{m} \quad \text{(Equação 5.7)}$$

O desvio-padrão σ é estimado com base na amplitude média amostral $\overline{R}$, sendo apropriado para pequenas amostras, ou seja, n ≤ 10. A amplitude média amostral $\overline{R}$ é definida como:

$$\overline{R} = \frac{R_1 + R_2 + R_3 + \ldots + R_m}{m} \quad \text{(Equação 5.8)}$$

O desvio-padrão σ é estimado por:

$$\hat{\sigma} = \frac{\overline{R}}{d_2} \quad \text{(Equação 5.9)}$$

em que d_2 é um fator de correção, sendo tabelado em função do tamanho n de cada amostra (Tabela 5.1). Para amostras maiores que 10, é recomendado utilizar o desvio-padrão S, que será abordado na próxima seção.

Os limites de controle para o gráfico $\overline{X}$ são, então, definidos por:

$$LSC = \overline{\overline{X}} + 3\frac{\overline{R}}{d_2\sqrt{n}} \quad \text{(Equação 5.10)}$$

$$LM = \overline{\overline{X}} \quad \text{(Equação 5.11)}$$

$$LIC = \overline{\overline{X}} - 3\frac{\overline{R}}{d_2\sqrt{n}} \quad \text{(Equação 5.12)}$$

Nas Equações 5.10 e 5.12, o termo $\dfrac{3}{d_2\sqrt{n}}$ é representado por A_2, sendo uma constante tabelada em função do tamanho n das amostras (Tabela 5.1). Os limites de controle para o gráfico $\bar{R}$ são definidos por:

$$LSC = \bar{R} + 3\hat{\sigma}_R = \bar{R} + 3d_3\dfrac{\bar{R}}{d_2} \quad \text{(Equação 5.13)}$$

$$LM = \bar{R} \quad \text{(Equação 5.14)}$$

$$LIC = \bar{R} - 3\hat{\sigma}_R = \bar{R} - 3d_3\dfrac{\bar{R}}{d_2} \quad \text{(Equação 5.15)}$$

Fazendo a substituição de $1 + 3d_3/d_2$ por D_4 na Equação 5.13 e de $1 - 3d_3/d_2$ por D_3 na Equação 5.15, temos:

$$LSC = D_4\bar{R} \quad \text{(Equação 5.16)}$$

$$LM = \bar{R} \quad \text{(Equação 5.17)}$$

$$LIC = D_3\bar{R} \quad \text{(Equação 5.18)}$$

em que D_3 e D_4 são constantes tabeladas em função do tamanho n das amostras (Tabela 5.1).

Esses limites de controle de $\bar{X}$ e R são ditos *limites de controle experimentais* e permitem avaliar se o processo estava sob controle quando as m amostras preliminares foram selecionadas. Para concluir que o processo estava sob controle antes da extração das amostras, é preciso avaliar também $\bar{X}_i$ e $\bar{R}_i$, com i =1, 2, 3, ...,m nos gráficos correspondentes. Assim, se todos os pontos estiverem dentro dos limites de controle, isso indica que o processo estava sob controle no passado, isto é, antes de as amostras preliminares serem extraídas.

Caso haja um ou mais pontos de $\bar{X}_i$ e $\bar{R}_i$ fora dos limites de controle, faz-se necessário revisar os limites de controle experimentais, procedendo a exames de cada um dos pontos que estiverem fora dos limites de controle, com o objetivo de encontrar a causa da variação identificada.

Tabela 5.1 – Constantes para a construção de gráficos de controle X-barra e R para tamanhos de amostras diferentes

Observações na amostra (n)	A_2	d_2	$1/d_2$	D_3	D_4
2	1,88	1,128	0,8865	0	3,267
3	1,023	1,639	0,5907	0	2,575
4	0,729	2,059	0,4857	0	2,282
5	0,577	2,326	0,4299	0	2,115
6	0,483	2,534	0,3946	0	2,004
7	0,419	2,704	0,3698	0,076	1,924
8	0,373	2,847	0,3512	0,136	1,864
9	0,337	2,97	0,3367	0,184	1,816
10	0,308	3,078	0,3249	0,223	1,777
11	0,285	3,173	0,3152	0,256	1,744
12	0,266	3,258	0,3069	0,283	1,717
13	0,249	3,336	0,2998	0,307	1,693
14	0,235	3,407	0,2935	0,328	1,672
15	0,223	3,472	0,288	0,347	1,653
16	0,212	3,532	0,2831	0,363	1,637
17	0,203	3,588	0,2787	0,378	1,622
18	0,194	3,64	0,2747	0,391	1,608
19	0,187	3,689	0,2711	0,403	1,597
20	0,18	3,735	0,2677	0,415	1,582
21	0,173	3,778	0,2647	0,425	1,575
22	0,167	3,819	0,2618	0,434	1,566
23	0,162	3,858	0,2592	0,443	1,557
24	0,157	3,895	0,2567	0,451	1,548
25	0,153	3,931	0,2544	0,459	1,541

Fonte: Werkema, 2021, p. 278.

Exercícios resolvidos

1) Uma empresa que fabrica parafusos adotou um novo sistema para sua linha de produção, em que determinado parafuso precisa ter um diâmetro específico, com uma margem de tolerância. Depois de coletadas 25 amostras de tamanho 5, foi construída a seguinte tabela, que apresenta o diâmetro das peças em mm:

Tabela A – Diâmetro das peças de 25 amostras, em mm

Amostra	1	2	3	4	5
1	7,100	7,095	7,100	7,105	7,105
2	7,100	7,100	7,095	7,105	7,100
3	7,120	7,105	7,100	7,120	7,100
4	7,115	7,120	7,115	7,115	7,120
5	7,090	7,095	7,110	7,120	7,105
6	7,110	7,100	7,105	7,100	7,100
7	7,105	7,095	7,100	7,105	7,085
8	7,100	7,115	7,095	7,105	7,125
9	7,065	7,090	7,110	7,105	7,105
10	7,125	7,130	7,095	7,100	7,115
11	7,105	7,100	7,115	7,095	7,075
12	7,100	7,110	7,085	7,090	7,080
13	7,115	7,090	7,085	7,090	7,110
14	7,095	7,090	7,095	7,100	7,080
15	7,110	7,070	7,095	7,100	7,110
16	7,070	7,075	7,080	7,100	7,090
17	7,090	7,130	7,100	7,110	7,100
18	7,100	7,100	7,090	7,095	7,080
19	7,080	7,070	7,090	7,110	7,100
20	7,100	7,110	7,070	7,110	7,110
21	7,095	7,105	7,095	7,095	7,100
22	7,105	7,070	7,110	7,110	7,110
23	7,100	7,100	7,105	7,110	7,105
24	7,100	7,105	7,105	7,110	7,080
25	7,120	7,115	7,110	7,130	7,115

Depois de avaliada a estabilidade estatística do processo de produção desse parafuso em relação ao diâmetro e aplicado um gráfico de controle, qual foi a constatação correta da empresa?

Resolução

Com base nessa tabela, compôs-se uma coluna para os valores da média do processo $\bar{X}_i$ de cada amostra, bem como uma coluna para os valores da amplitude R_i para cada amostra, conforme a tabela a seguir:

Tabela B – Diâmetro das peças de 25 amostras, em mm, com valores da média e da amplitude de cada amostra

Amostra	1	2	3	4	5	$\bar{X}_i$	R_i
1	7,100	7,095	7,100	7,105	7,105	7,101	0,010
2	7,100	7,100	7,095	7,105	7,100	7,100	0,010
3	7,120	7,105	7,100	7,120	7,100	7,109	0,020
4	7,115	7,120	7,115	7,115	7,120	7,117	0,005
5	7,090	7,095	7,110	7,120	7,105	7,104	0,030
6	7,110	7,100	7,105	7,100	7,100	7,103	0,010
7	7,105	7,095	7,100	7,105	7,085	7,098	0,020
8	7,100	7,115	7,095	7,105	7,125	7,108	0,030
9	7,065	7,090	7,110	7,105	7,105	7,095	0,045
10	7,125	7,130	7,095	7,100	7,115	7,113	0,035
11	7,105	7,100	7,115	7,095	7,075	7,098	0,040
12	7,100	7,110	7,085	7,090	7,080	7,093	0,030
13	7,115	7,090	7,085	7,090	7,110	7,098	0,030
14	7,095	7,090	7,095	7,100	7,080	7,092	0,020
15	7,110	7,070	7,095	7,100	7,110	7,097	0,040
16	7,070	7,075	7,080	7,100	7,090	7,083	0,030
17	7,090	7,130	7,100	7,110	7,100	7,106	0,040
18	7,100	7,100	7,090	7,095	7,080	7,093	0,020
19	7,080	7,070	7,090	7,110	7,100	7,090	0,040
20	7,100	7,110	7,070	7,110	7,110	7,100	0,040
21	7,095	7,105	7,095	7,095	7,100	7,098	0,010
22	7,105	7,070	7,110	7,110	7,110	7,101	0,040
23	7,100	7,100	7,105	7,110	7,105	7,104	0,010
24	7,100	7,105	7,105	7,110	7,080	7,100	0,030
25	7,120	7,115	7,110	7,130	7,115	7,118	0,020

Calculando-se a média das amostras de todos os valores de $\bar{X}_i$ e R_i, obtém-se:

$\bar{\bar{X}} = 7,101$

$\bar{R} = 0,0262$

Os valores para $D_4 = 2,115$ e $D_3 = 0$ foram extraídos da Tabela 5.1, para amostras de tamanho 5. Assim, aplicando as Equações 5.16, 5.17 e 5.18 para os limites de controle, foram obtidos os seguintes resultados:

$$\text{LSC} = D_4 \overline{R} = 2{,}115 \cdot 0{,}0262 = 0{,}0554$$

$$\text{LM} = \overline{R} = 0{,}0262$$

$$\text{LIC} = D_3 \overline{R} = 0 \cdot 0{,}0262 = 0$$

Dessa forma, o gráfico da amplitude R é:

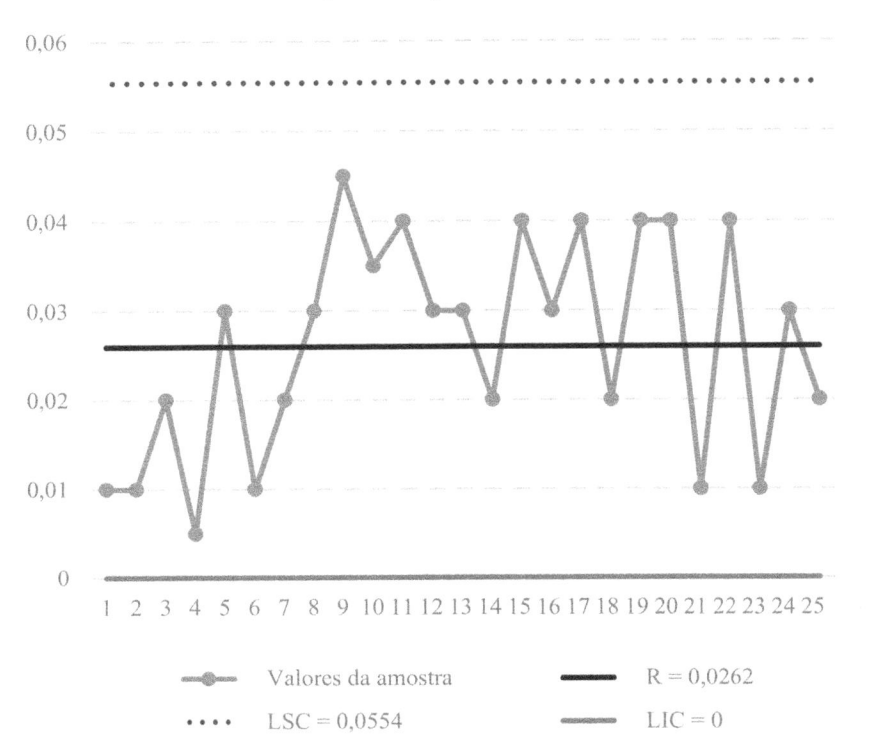

Gráfico A – Gráfico da amplitude R para 25 amostras

Na Tabela 5.1, encontra-se o valor de $A_2 = 0{,}577$ para amostras de tamanho 5; portanto, ao aplicar as Equações 5.10, 5.11 e 5.12 e realizar a substituição por A_2, foram obtidos os seguintes resultados:

$$\text{LSC} = \overline{\overline{X}} + 3 \frac{\overline{R}}{d_2 \sqrt{n}} = \overline{\overline{X}} + A_2 \overline{R} = 7{,}101 + 0{,}577 \cdot 0{,}0262 = 7{,}1161.$$

$$\text{LM} = \overline{\overline{X}} = 7{,}101$$

$$\text{LIC} = \overline{\overline{X}} - 3 \frac{\overline{R}}{d_2 \sqrt{n}} = \overline{\overline{X}} - A_2 \overline{R} = 7{,}101 - 0{,}577 \cdot 0{,}0262 = 7{,}0859$$

O gráfico da média $\overline{X}$ é assim representado:

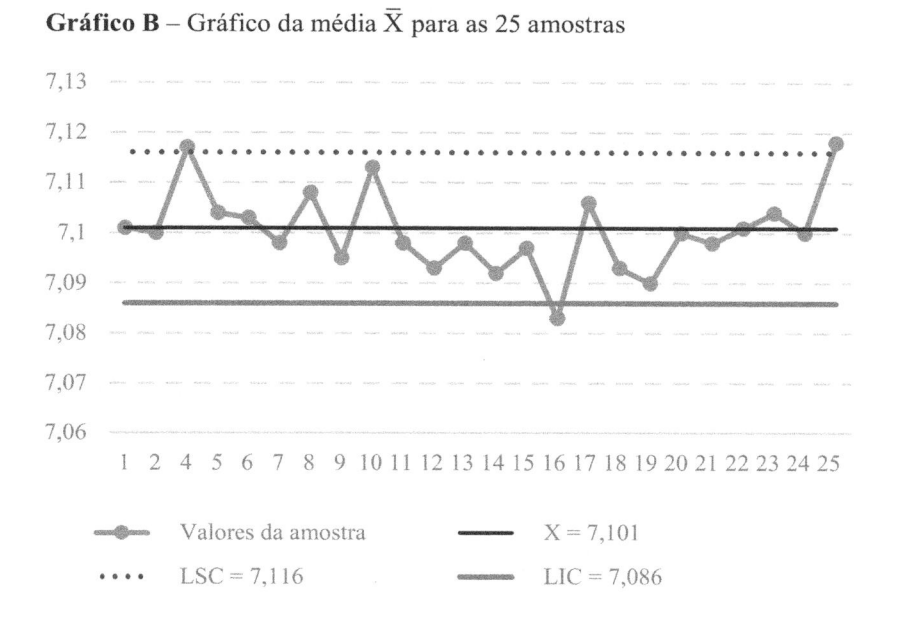

Gráfico B – Gráfico da média $\overline{X}$ para as 25 amostras

- Valores da amostra
- LSC = 7,116
- $\overline{X}$ = 7,101
- LIC = 7,086

Resposta

O gráfico de controle R não tem nenhum dos pontos fora dos limites de controle e não há evidências de configuração não aleatória dos pontos próximo à linha média; portanto, o processo está sob controle no que diz respeito à variabilidade.

Já no gráfico de controle da média, há três pontos fora dos limites de controle; logo, as três amostras foram descartadas e um novo cálculo teve de ser feito para os limites de controle dos gráficos, tanto para a média quanto para a amplitude.

Os limites de controle que são recalculados após a eliminação das amostras situadas fora dos limites são usados tanto para a avaliação atual quanto para a avaliação futura do controle estatístico do processo; ademais, uma nova amostra dos valores obtidos é calculada, representada nos gráficos de controle, e devidamente analisada para que o estado de controle estatístico do processo possa ser avaliado.

5.2 Gráficos de controle $\overline{X}$ (ou *X-barra*) e S

Quando o número de amostras é n > 10, a recomendação é a de que os gráficos de controle $\overline{X}$ e S sejam aplicados em lugar dos gráficos $\overline{X}$ e R, pois, em amostras maiores, a amplitude amostral R deixa de ser tão eficiente para estimar o desvio-padrão σ se comparada ao desvio-padrão amostral S.

O que é

O gráfico de controle $\bar{X}$ controla a média do processo, e o gráfico S, variabilidade do processo.

Os limites de controle dos gráficos X-barra e S também são encontrados mediante um procedimento semelhante ao que expusemos na Seção 5.1, sendo feita a suposição de que a característica da qualidade de interesse x tem distribuição normal, com média μ e desvio-padrão σ, ou seja:

$$x \sim N(\mu, \sigma) \quad \text{(Equação 5.19)}$$

Mais uma vez, os parâmetros μ e σ normalmente são desconhecidos, devendo ser estimados a partir de dados amostrais. A média μ é estimada usando-se a média global da amostra, conforme a Equação 5.7. O desvio-padrão σ, por sua vez, é estimado usando-se o desvio-padrão amostral médio $\bar{S}$, dado por:

$$\bar{S} = \frac{S_1 + S_2 + S_3 + \ldots + S_m}{m} \quad \text{(Equação 5.20)}$$

Assim, o desvio-padrão σ é estimado por:

$$\hat{\sigma} = \frac{\bar{S}}{C_4} \quad \text{(Equação 5.21)}$$

em que C_4 é um fator de correção, tabelado em função do tamanho n de cada amostra (Tabela 5.2). As expressões para os limites de controle do gráfico $\bar{X}$ são definidos como:

$$LSC = \bar{\bar{X}} + 3\frac{\bar{S}}{C_4\sqrt{n}} = \bar{\bar{X}} + A_3\bar{S} \quad \text{(Equação 5.22)}$$

$$LM = \bar{\bar{X}} \quad \text{(Equação 5.23)}$$

$$LIC = \bar{\bar{X}} - 3\frac{\bar{S}}{C_4\sqrt{n}} = \bar{\bar{X}} - A_3\bar{S} \quad \text{(Equação 5.24)}$$

E para o gráfico S, os limites de controle são:

$$LSC = \bar{S} + 3\hat{\sigma}_s = \bar{S} + B_4\bar{S} \quad \text{(Equação 5.25)}$$

$$LM = \bar{S} \quad \text{(Equação 5.26)}$$

$$LIC = \bar{S} + 3\hat{\sigma}_s = \bar{S} + B_3\bar{S} \quad \text{(Equação 5.27)}$$

em que os valores de A_3, B_3 e B_4 são constantes tabeladas em função do tamanho n das amostras (Tabela 5.2), e $\hat{\sigma}_S$ é a estimativa do desvio-padrão da distribuição de S.

Tabela 5.2 – Constantes para a construção de gráficos de controle X-barra e S para tamanhos de amostras diferentes

Observações na amostra (n)	A_3	C_4	B_3	B_4
2	2,659	0,7979	0	3,267
3	1,954	0,8862	0	2,568
4	1,628	0,9213	0	2,266
5	1,427	0,94	0	2,089
6	1,287	0,9515	0,03	1,97
7	1,182	0,9594	0,118	1,882
8	1,099	0,965	0,185	1,815
9	1,032	0,9693	0,239	1,761
10	0,975	0,9727	0,284	1,716
11	0,927	0,9754	0,321	1,679
12	0,886	0,9776	0,354	1,646
13	0,85	0,9794	0,382	1,618
14	0,817	0,981	0,406	1,594
15	0,789	0,9823	0,428	1,572
16	0,763	0,9835	0,448	1,552
17	0,739	0,9845	0,466	1,534
18	0,718	0,9854	0,482	1,518
19	0,698	0,9862	0,497	1,503
20	0,68	0,9869	0,51	1,49
21	0,663	0,9876	0,523	1,477
22	0,647	0,9882	0,534	1,466
23	0,633	0,9887	0,545	1,455
24	0,619	0,9892	0,555	1,445
25	0,606	0,9896	0,565	1,435

Fonte: Werkema, 2021, p. 278.

Exercícios resolvidos

2) A empresa citada no exercício anterior, na qual são fabricados parafusos com um diâmetro específico. Depois de coletadas as 25 amostras de tamanho 5, foi construída a seguinte tabela, que apresenta o diâmetro das peças em mm.

Tabela C – Diâmetros de parafusos, em mm

Amostra	1	2	3	4	5	$\bar{X}_i$	$\bar{S}_i$
1	7,1	7,095	7,1	7,105	7,105	7,101	0,0042
2	7,1	7,1	7,095	7,105	7,1	7,1	0,0035
3	7,12	7,105	7,1	7,12	7,1	7,109	0,0102
4	7,115	7,12	7,115	7,115	7,12	7,117	0,0027
5	7,09	7,095	7,11	7,12	7,105	7,104	0,0119
6	7,11	7,1	7,105	7,1	7,1	7,103	0,0045
7	7,105	7,095	7,1	7,105	7,085	7,098	0,0084
8	7,1	7,115	7,095	7,105	7,125	7,108	0,012
9	7,065	7,09	7,11	7,105	7,105	7,095	0,0184
10	7,125	7,13	7,095	7,1	7,115	7,113	0,0152
11	7,105	7,1	7,115	7,095	7,075	7,098	0,0148
12	7,1	7,11	7,085	7,09	7,08	7,093	0,012
13	7,115	7,09	7,085	7,09	7,11	7,098	0,0135
14	7,095	7,09	7,095	7,1	7,08	7,092	0,0076
15	7,11	7,07	7,095	7,1	7,11	7,097	0,0164
16	7,07	7,075	7,08	7,1	7,09	7,083	0,012
17	7,09	7,13	7,1	7,11	7,1	7,106	0,0152
18	7,1	7,1	7,09	7,095	7,08	7,093	0,0084
19	7,08	7,07	7,09	7,11	7,1	7,09	0,0158
20	7,1	7,11	7,07	7,11	7,11	7,1	0,0173
21	7,095	7,105	7,095	7,095	7,1	7,098	0,0045
22	7,105	7,07	7,11	7,11	7,11	7,101	0,0175
23	7,1	7,1	7,105	7,11	7,105	7,104	0,0042
24	7,1	7,105	7,105	7,11	7,08	7,1	0,0117
25	7,12	7,115	7,11	7,13	7,115	7,118	0,0076

Depois de aplicar um gráfico X-barra e S para avaliar a estabilidade estatística do processo de produção em relação ao diâmetro, qual foi a constatação correta da empresa?

Resolução

As duas últimas colunas da tabela representam tanto os valores da média do processo $\bar{X}_i$ de cada amostra quanto os valores do desvio-padrão amostral S para cada amostra. Calculando a média das amostras de todos os valores de $\bar{X}_i$ e S_i, encontra-se:

$\bar{\bar{X}} = 7,101$

$\bar{S} = 0,0115$

Usando os valores da Tabela 5.2 para amostras de tamanho 5 e as expressões para o cálculo dos limites de controles para o gráfico $\overline{X}$, obtém-se:

$$\text{LSC} = \overline{\overline{X}} + 3\frac{\overline{S}}{C_4\sqrt{n}} = \overline{\overline{X}} + A_3\overline{S} = 7,1010 + 1,427 \cdot 0,01115 = 7,116$$

$$\text{LM} = \overline{\overline{X}} = 7,1010$$

$$\text{LIC} = \overline{\overline{X}} - 3\frac{\overline{S}}{C_4\sqrt{n}} = \overline{\overline{X}} - A_3\overline{S} = 7,1010 - 1,427 \cdot 0,01115 = 7,085$$

Para o gráfico S:

$$\text{LSC} = \overline{S} + 3\hat{\sigma}_S = \overline{S} + B_4\overline{S} = 2,089 \cdot 0,01115 = 0,0232$$

$$\text{LM} = \overline{S} = 0,01115$$

$$\text{LIC} = \overline{S} + 3\hat{\sigma}_S = \overline{S} + B_3\overline{S} = 0 \cdot 0,01115 = 0$$

Construindo os gráficos da média $\overline{X}$ e do desvio-padrão S, respectivamente, tem-se:

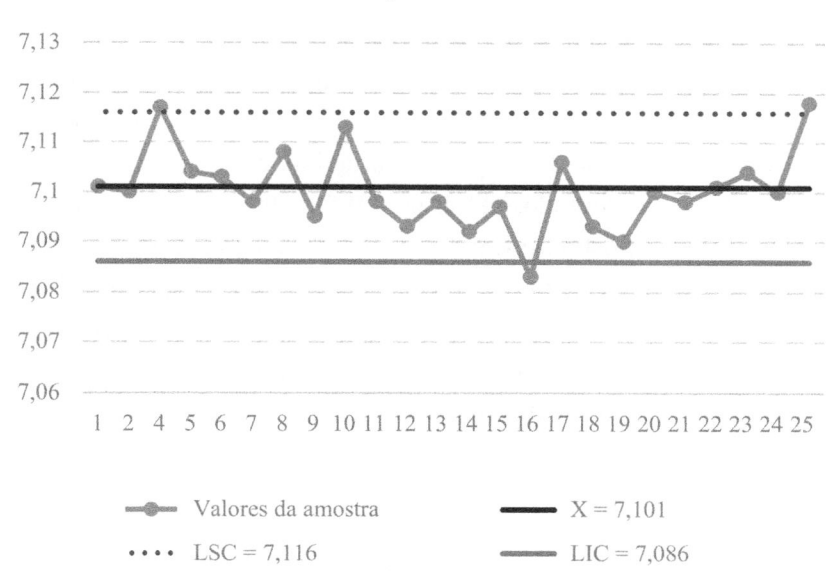

Gráfico C – Gráfico da média $\overline{X}$ para as 25 amostras

- Valores da amostra
- LSC = 7,116
- $\overline{X}$ = 7,101
- LIC = 7,086

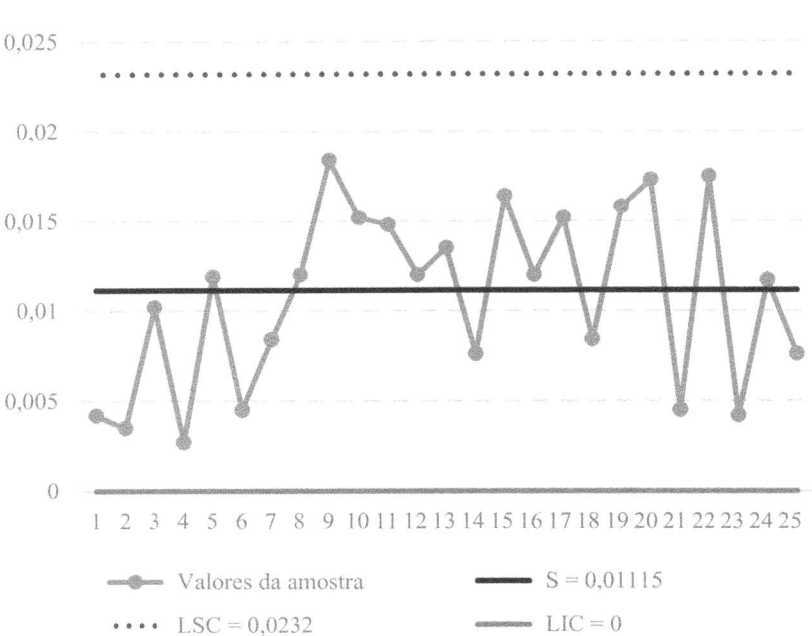

Gráfico D – Gráfico S da variabilidade do processo para 25 amostras

- Valores da amostra
- LSC = 0,0232
- S = 0,01115
- LIC = 0

Resposta

O gráfico de controle S não tem nenhum dos pontos fora dos limites de controle tampouco há evidências de alguma configuração não aleatória dos pontos próximo à linha média; logo, o processo está sob controle no que diz respeito à variabilidade.

No gráfico de controle da média, contudo, há três pontos fora dos limites de controle, o que conduz ao descarte das três amostras, a fim de que seja realizado um novo cálculo para os limites de controle dos gráficos, tanto para a média quanto para a o desvio-padrão.

Assim como ocorre com os gráficos de controle X-barra e R, os limites de controle recalculados nos gráficos de controle X-barra e S, após a eliminação das amostras situadas fora dos limites, são usados para as avaliações atual e futura do controle estatístico do processo.

5.3 Gráfico de controle para medidas individuais

O gráfico de controle para medidas individuais é valioso nos casos em que as amostras utilizadas para a construção dos gráficos de controle têm tamanho unitário n = 1; isso significa que toda unidade produzida é avaliada ou que a taxa de produção dos processos é baixa.

As expressões para determinar os limites de controle nos gráficos para medidas individuais são dadas pelas equações usadas para construir os limites de controle dos gráficos X-barra e R, efetuando-se as seguintes alterações:

- usar o valor de n = 1;
- utilizar $\overline{X}$ no lugar de $\overline{\overline{X}}$;
- adotar a amplitude móvel de duas observações sucessivas para estimar a variabilidade do processo, dada por:

$$AM_i = |x_i - x_{i-1}| \quad \text{(Equação 5.28)}$$

As expressões para determinar os limites de controle no gráfico $\overline{X}$ são:

$$LSC = \overline{X} + 3\frac{\overline{AM}}{d_2} \quad \text{(Equação 5.29)}$$

$$LM = \overline{X} \quad \text{(Equação 5.30)}$$

$$LIC = \overline{X} - 3\frac{\overline{AM}}{d_2} \quad \text{(Equação 5.31)}$$

E o gráfico para medidas individuais é:

$$LSC = D_4 \cdot \overline{AM} \quad \text{(Equação 5.31)}$$

$$LM = \overline{AM} \quad \text{(Equação 5.32)}$$

$$LIC = D_3 \cdot \overline{AM} \quad \text{(Equação 5.33)}$$

em que $\overline{AM}$ é a amplitude móvel média; e d_2, D_3 e D_4 são valores obtidos na Tabela 5.1 para n = 2, sendo o gráfico embasado em uma amplitude móvel de n = 2 observações.

Exercícios resolvidos

3) Uma produtora de óleo para motos realiza um controle diário do óleo produzido, por meio do qual se avalia sua viscosidade. Depois de coletadas 24 amostras, durante um período de 30 dias, seus valores foram representados na seguinte tabela, que utiliza a unidade cSt a 40 °C, com a amplitude móvel.

Tabela D – Amostras de óleo com valores de viscosidade

N. de amostras	Viscosidade	Amplitude móvel	N. de amostras	Viscosidade	Amplitude móvel
1	92,9		13	94,8	0,9
2	94,9	2	14	96,4	1,6
3	89,8	5,1	15	91,4	5
4	95,2	5,4	16	89,2	2,2
5	92,8	2,4	17	93,7	3,4
6	92,2	0,6	18	90,8	2,9
7	88,3	3,9	19	91,8	1
8	90,4	2,1	20	93,1	1,3
9	89,1	1,3	21	89,9	3,2
10	90,7	1,6	22	93,4	3,5
11	93	2,3	23	87,2	6,2
12	93,9	0,9	24	92,2	5

Após a análise das amostras, qual foi a constatação correta da empresa?

Resolução

De acordo com a tabela apresentada, tem-se que: valor médio $\overline{X} = 91,96$ amplitude móvel média $\overline{AM} = 2,82$. Com base na Tabela 5.1, os valores dos fatores de correção são: $d_2 = 1,128$, $D_3 = 0$ e $D_4 = 3,267$. Assim, faz-se o cálculo dos valores para os limites de controle do gráfico AM, que serão:

$$LSC = D_4 \cdot \overline{AM} = 3,267 \cdot 2,82 = 9,21.$$

$$LM = \overline{AM} = 2,82$$

$$LIC = D_3 \cdot \overline{AM} = 0 \cdot 2,82 = 0$$

E para os limites de controle do gráfico $\overline{X}$:

$$LSC = \overline{X} + 3\frac{\overline{AM}}{d_2} = 91,96 + 3 \cdot \frac{2,82}{1,128} = 99,46$$

$$LM = \overline{X} = 91,96$$

$$LIC = \overline{X} - 3\frac{\overline{AM}}{d_2} = 91,96 - 3 \cdot \frac{2,82}{1,128} = 84,46$$

Construindo o gráfico para medidas individuais x, tem-se:

Gráfico E – Valores das medidas individuais x das amostras de óleo

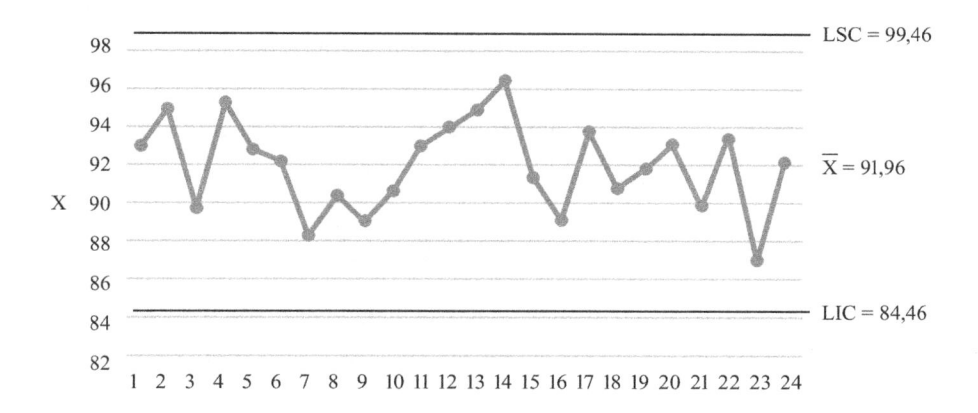

[Gráfico de controle com LSC = 99,46; X̄ = 91,96; LIC = 84,46; eixo X de 1 a 24]

Construindo o gráfico para a amplitude móvel, tem-se:

Gráfico F – Valores das amplitudes móveis das amostras de óleo

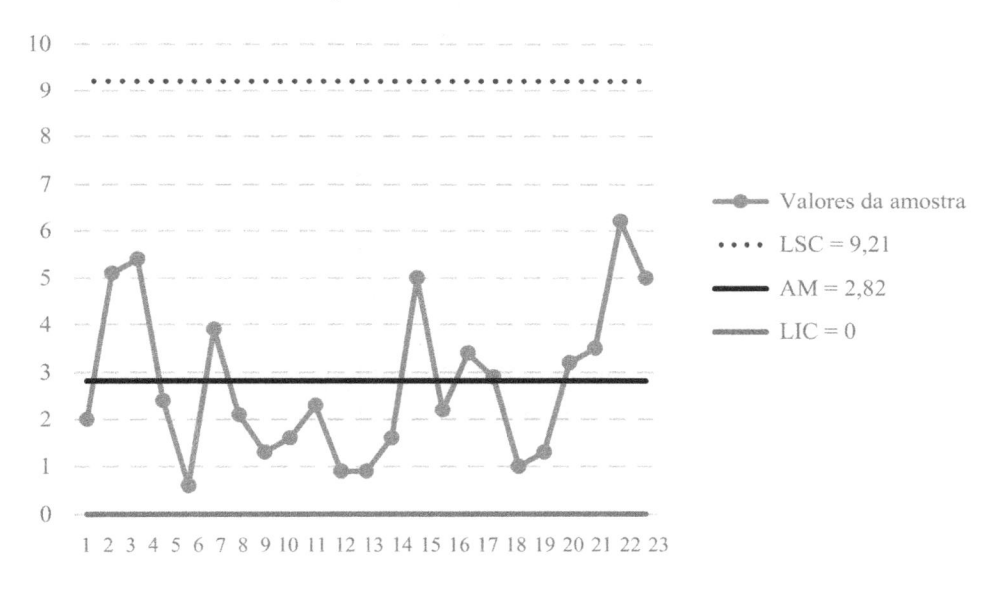

[Gráfico de controle com Valores da amostra; LSC = 9,21; ĀM = 2,82; LIC = 0; eixo X de 1 a 23]

Resposta

Com base nos gráficos apresentados, a empresa concluiu que não há indícios de falta de controle do processo, pois, neles, não há pontos fora dos limites de controle. Portanto, como o processo está dentro do esperado, os dois gráficos podem ser utilizados tanto para o controle atual quanto para o controle futuro do processo de produção.

Vale ressaltar que os limites de controle dos gráficos para medidas individuais podem sofrer variações quando há suposição de que as observações da variável de interesse x não seguem uma distribuição normal. Quando a variável não apresenta uma distribuição próxima da normal, faz-se necessário determinar os limites de controle com base na verdadeira distribuição dos dados ou transformar a variável original em uma nova variável que seja aproximadamente normal, para, só então, construir o gráfico.

5.4 Fundamentação estatística dos gráficos de controle

Em 1920, Walter Andrew Shewhart (1891-1967) desenvolveu a chamada *teoria da variabilidade de Shewhart*, com a qual, mediante a aplicação do gráfico de controle, pretendia controlar a variabilidade de processos.

Um gráfico de controle, também designado *carta de controle*, é a representação gráfica de uma característica da qualidade de determinada variável em estudo, avaliada em uma amostra. Como demonstramos nas seções anteriores, esse tipo de gráfico tem três linhas paralelas ao eixo das abscissas: uma **linha central**, que representa o valor médio esperado e se refere à característica da qualidade, correspondendo ao estado sob controle do processo; e duas outras linhas horizontais, a de **limite inferior de controle** (LIC) e a de **limite superior de controle** (LSC), as quais são determinadas pelo desvio-padrão.

Já informamos que um processo sob controle apresenta todos os pontos amostrais entre o LIC e o LSC. Entretanto, é possível que todos os pontos amostrais estejam dentro dos limites de controle e, mesmo assim, o processo esteja fora de controle: é o que acontece quando pontos se comportam de maneira sistemática ou não aleatória.

Na teoria de Shewhart, considera-se: uma estatística amostral ω cuja função é medir alguma característica da qualidade; uma média μ_ω e o desvio-padrão σ_ω. As expressões para o cálculo da linha central (LC), do LIC e do LSC são assim definidos:

$$LSC = \mu_\omega + L\sigma_\omega \quad \text{(Equação 5.34)}$$

$$LC = \mu_\omega \quad \text{(Equação 5.35)}$$

$$LIC = \mu_\omega - L\sigma_\omega \quad \text{(Equação 5.36)}$$

em que L é a distância entre os limites de controle e a linha central, em unidades de desvio-padrão. Assim, os gráficos de controle têm o potencial de contribuir para a melhoria de processos, pois a maioria não opera em estado de controle estatístico; e, com seu uso frequente, é possível identificar e eliminar as causas especiais de variação, diminuindo a variabilidade e melhorando o processo.

Os gráficos de controle são divididos em dois tipos:

1. **variável**: quando os dados coletados são expressos por um número em uma escala contínua de medida;
2. **atributo**: quando os dados coletados não são medidos em uma escala contínua ou quantitativa.

De modo geral, os gráficos de controle têm grande popularidade e com frequência são aplicados por indústrias, já que são técnicas que comprovadamente melhoram a produtividade. Além disso, são muito efetivos na prevenção de defeitos, pois, por meio da coleta de informações sobre a capacidade do processo, ajudam a evitar ajustes desnecessários.

5.5 Capacidade do processo

Considerando que as empresas se preocupam em atender às especificações estabelecidas com base em desejos e necessidades dos clientes, é natural avaliar se o processo atende, ou não, a esses requisitos. A capacidade do processo, portanto, pode ser entendida como o estudo sobre esse processo de avaliação.

> **PARA SABER MAIS**
>
> No vídeo *CP e CPK: entenda os índices de capacidade de um processo!*, são apresentados esses dois índices de capacidade de um processo.
>
> CP E CPK: entenda os índices de capacidade de um processo! **CAE Treinamentos**, 7 jul. 2020. Disponível em: <https://www.youtube.com/watch?v=3DNfU_Jc0Sg>. Acesso em: 17 jan. 2023..

Quando o processo não é estável, seu comportamento é imprevisível; portanto, não faz sentido avaliar sua capacidade, ou seja, somente os processos que são estáveis devem ter sua capacidade avaliada.

Considerando que um processo está sob controle estatístico e supondo ser verdadeira sua normalidade, então 99,73% dos valores da variável x devem pertencer à chamada *faixa característica do processo*, definida como:

$$\mu \pm 3\sigma \quad \text{(Equação 5.37)}$$

Basicamente, no estudo da capacidade do processo, comparamos essa faixa com as especificações; como os valores μ e σ são desconhecidos, eles podem ser estimados por meio de dados amostrais, o que possibilita avaliar a capacidade do processo.

A capacidade de um processo pode ser analisada graficamente (quando comparados gráficos e histogramas, feitos para uma característica da qualidade de interesse, com os limites de especificação) ou por meio de índices de capacidade (números adimensionais que permitem uma quantificação do desempenho dos processos). Para aplicar os índices de capacidade, é preciso que o processo esteja sob controle estatístico e que a variável de interesse tenha distribuição próxima da normal.

Há quatro tipos de índices de capacidade:

1) **Índice C_P**: quando a variável de interesse tem especificação bilateral, relaciona-se aquilo que se deseja produzir (LSE – LIE), que corresponde à variabilidade permitida ao processo, com a variabilidade natural do processo (6σ), ou seja: $C_P = \dfrac{LSE - LIE}{6\sigma}$ (Equação 5.38).

Quanto maior é o valor de C_P, maior é a capacidade do processo de satisfazer às especificações, desde que a média μ esteja centrada no valor nominal.

2) **Índice C_{Pk}**: leva em consideração o valor da média do processo; pode ser interpretado como uma medida da capacidade real: $C_{Pk} = MIN\left[\dfrac{LSE - \mu}{3\hat{\sigma}}, \dfrac{\mu - LIE}{3\hat{\sigma}}\right]$ (Equação 5.39).

Quando a média do processo tiver o mesmo resultado do valor nominal da especificação, temos $C_P = C_{Pk}$.

3) **Índice C_{Pi}**: quando existe apenas o limite inferior de especificação, adota-se $C_{Pi} = \dfrac{\mu - LIE}{3\sigma}$ (Equação 5.40).

4) **Índice C_{Ps}**: quando existe apenas o limite superior de especificação, usa-se $C_{Ps} = \dfrac{LSE - \mu}{3\sigma}$ (Equação 5.41).

Como a média μ e o desvio de padrão σ do processo normalmente são valores desconhecidos, é preciso substituí-los por estimativas: $\hat{\sigma}$ e S, $\bar{\bar{x}}$ e S, $\dfrac{\bar{R}}{d_2}$ ou $\dfrac{\bar{S}}{C_4}$.

Os índices de capacidade levam em consideração a relevância de sua interpretação e a facilidade com que podem ser usados. A partir de uma amostra aleatória representativa, é possível estimar o nível de capacidade que o processo tem para atender às especificações estabelecidas.

Exemplificando

1) Após uma análise feita no diâmetro de parafusos fabricados, com a utilização de gráficos de controle, uma empresa concluiu que o processo estava sob controle estatístico. As especificações estabelecidas para o diâmetro do parafuso foram 7,10 ± 0,06 mm. Também foi feito um histograma para as observações do diâmetro, cujos limites de especificação são representados no gráfico a seguir.

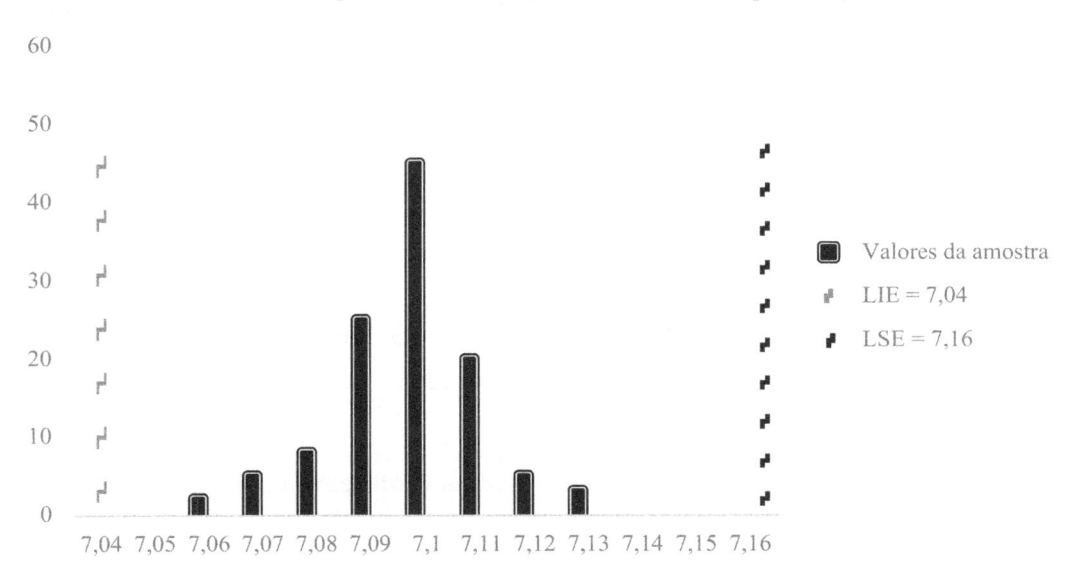

Gráfico A – Diâmetros dos parafusos em relação aos limites de especificação

- Valores da amostra
- LIE = 7,04
- LSE = 7,16

Nesse exemplo, é possível perceber que o processo está centrado no valor nominal e que todos os dados estão localizados dentro da faixa de especificação. Outro ponto importante é que a distribuição das medidas do diâmetro está bastante simétrica, assemelhando-se à forma da distribuição normal.

Síntese

Neste capítulo, analisamos os gráficos de controle para variáveis, também conhecidos como *gráficos de controle de Shewhart*. Entre os diversos gráficos de controle, avaliamos os gráficos da média $\bar{X}$; os gráficos da amplitude R; os gráficos do desvio-padrão S; e os gráficos de medidas individuais x.

Os gráficos devem ser aplicados simultaneamente: a aplicação do gráfico da média $\bar{X}$ por exemplo, destina-se ao controle da média do processo; mas, quando aplicado em conjunto com o gráfico R, controla também a variabilidade do processo. Já os gráficos de controle X-barra e S são utilizados quando o número de amostras n é maior do que 10; nesse caso, o gráfico de controle $\overline{X}$ controla a média do processo, e o gráfico S controla sua variabilidade.

Para amostras utilizadas para a construção dos gráficos de controle, quando estas apresentam tamanho unitário n = 1, aplica-se o gráfico de controle para medidas individuais.

Por fim, abordamos o conceito de *capacidade do processo*, que consiste em avaliar se o processo se encontra dentro dos parâmetros. Essa análise pode ser feita tanto pelo método gráfico quanto pelos índices de capacidade.

Questões para revisão

1) A amplitude móvel é aplicada para:

   a. estimar a variabilidade do processo de duas observações sucessivas.
   b. estimar as causas e os efeitos em toda a unidade produzida.
   c. avaliar os limites de controle na amostra quando n > 10.
   d. estimar os limites de controle quando os parâmetros μ e σ não são conhecidos.
   e. avaliar a capacidade do processo.

2) Analise as assertivas a seguir e indique V para as verdadeiras e F para as falsas:

   ( ) Os gráficos de controle para variáveis são usados quando os dados coletados não são medidos em uma escala contínua ou quantitativa.
   ( ) Para avaliar a característica da qualidade de um produto, que corresponde às medidas de uma peça fabricada, utiliza-se o gráfico de controle para variáveis.
   ( ) Quando a característica da qualidade do produto é representada por um número, em uma escala contínua de medida, aplica-se o gráfico de controle X-barra ou o gráfico da amplitude R.
   ( ) Se os valores da média μ e do desvio-padrão σ não forem conhecidos, eles deverão ser estimados por meio de valores atribuídos de modo aleatório.

3) Avalie as sentenças seguintes.

   I. Para que o processo esteja sob controle, é necessário que todos os pontos amostrais estejam entre o LIC e o LSC.
   II. Se todos os pontos amostrais estiverem entre o LIC e o LSC, então o processo estará sob controle.
   III. Um processo que está fora de controle deve apresentar sempre algum ponto amostral fora do LIC e do LSC.

As sentenças corretas são:

a. apenas I.
b. apenas I e II.
c. apenas II e III.
d. apenas I e III.
e. I, II e III.

4) Quando se avalia o comprimento de determinada peça produzida por uma empresa, utiliza-se um gráfico de controle. Quando o número de amostras é maior que 15, recomenda-se usar qual(is) tipo(s) de gráfico de controle? Justifique.

5) Nos casos em que as amostras têm tamanho unitário n = 1, é aplicado o gráfico de controle para medidas individuais. Explique em que momento ele deve ser aplicado.

Questões para reflexão

1) Exemplifique um caso de aplicação do gráfico de controle para medidas individuais, demostrando o procedimento adotado.

2) Quando o número de amostras é n > 10, a aplicação dos gráficos de controle $\bar{X}$ e S é a recomendada. Assim, é possível imaginar uma aplicação desse tipo de gráfico quando se trata da análise de temperatura de determinada cidade, em um período de tempo considerado. Explique como você faria a coleta de dados e a construção do gráfico correspondente e analise a situação.

Conteúdos do capítulo
- Determinação do coeficiente de perda.
- Cálculo de perda para um lote de produtos.
- Função perda para os tipos de características da qualidade.

Após o estudo deste capítulo, você será capaz de:
1. determinar o coeficiente de perda;
2. efetuar o cálculo da perda para um lote de produtos;
3. reconhecer a função perda para os tipos de características da qualidade.

6
Função perda quadrática

A função perda quadrática, também conhecida como *função de perda de Taguchi*, visa minimizar as perdas impostas à sociedade por um produto, a partir do momento de sua liberação para venda. O método de Taguchi é nomeado como *engenharia robusta* ou *planejamento robusto* e seu foco é o aumento da robustez de processos e produtos, o que significa reduzir a sensibilidade do processo em relação aos fatores que causam variações, operação essa realizada com o menor custo possível.

O método de Taguchi é amplamente recomendado para as indústrias, pois gera expressiva contribuição para o desenvolvimento da estatística aplicada à qualidade. Reconhecido pela elevada qualidade dos resultados gerados e pela simplicidade de sua utilização, o referido método tem se mostrado especialmente útil nas situações de produção que demandam muitos parâmetros de controle do processo, os quais implicam planejamentos experimentais altamente complexos.

É importante notar que a filosofia adotada por Genichi Taguchi (1924-2012) começou com o conceito de qualidade; para o engenheiro e estatístico japonês, *qualidade* se relaciona com a aspiração ao perfeccionismo e com o trabalho para o bem coletivo. Assim, a chamada *função perda* baseia-se na premissa de que a redução das perdas não está diretamente ligada à conformidade com as especificações, mas à redução da variância estatística em relação aos objetivos fixados. Nessa perspectiva, tem centralidade o ciclo total de produção, ou seja, trata-se de um método que engloba desde o projeto inicial até a transformação da ideia em produto finalizado, já que considera a qualidade como incorporada ao produto desde o início do processo.

6.1 Determinação do coeficiente de perda

De maneira particular, a função perda pode declarar o valor monetário da consequência de qualquer aperfeiçoamento em qualidade. Esse valor monetário, no entanto, não representa uma perda ou um dano; em verdade, é um índice de desempenho que pode ser utilizado pelos gestores ou pela pessoa que tomará as decisões, configurando uma característica importante do processo. Assim, o propósito do aperfeiçoamento da qualidade é a redução de custos.

A função perda está associada à ideia de estar dentro ou fora dos limites de especificações determinadas, conforme mostra o Gráfico 6.1.

Gráfico 6.1 − Função perda de Taguchi

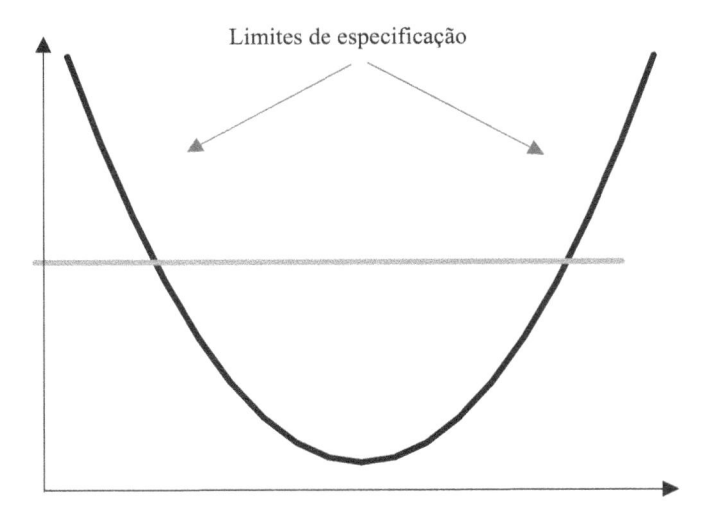

No Gráfico 6.1, está representada a meta, que é o nível ideal do parâmetro de projeto; o limite superior de especificação (LSE) e o limite inferior de especificação (LIE) são os limites de especificação simétricos e padronizados, ao passo que o eixo vertical representa o valor de perda em decorrência do desvio da característica do nível desejado. Portanto, a função perda de Taguchi relaciona uma medida financeira, quando se calcula o desvio de uma característica do produto em relação ao valor nominal, matematicamente expressa como:

$$L = k(y - m)^2 \quad \text{(Equação 6.1)}$$

em que: L é a perda em decorrência do desvio da característica; k é o coeficiente de perda da qualidade; y é o valor da característica de qualidade; e m é a meta, valor nominal ou valor-alvo. À Equação 6.1 pode-se aplicar o conceito de derivada da função L em relação a y e igualá-la a zero; assim, encontra-se o valor de máximo ou de mínimo da função – no caso, o de mínimo. Então, para derivar a Equação 6.1, primeiramente se aplica o produto notável:

$$L = k(y - m)^2 \rightarrow L = ky^2 - 2kym + km^2 \quad \text{(Equação 6.2)}$$

Derivando a Equação 6.2 em relação a y, obtém-se:

L' = 2ky − 2km   (Equação 6.3)

Ao igualar a derivada a zero, encontra-se:

0 = 2ky − 2km → y = m   (Equação 6.4)

A Equação 6.4 determina o valor do ponto y em temos de perda nula.

O coeficiente de perda k converte o desvio do alvo em valores monetários, em que o valor de k está associado a uma perda unitária. Para determiná-lo, é preciso conhecer a perda que está associada a certo valor da característica de qualidade y. A expressão para o cálculo de k é dada por:

$$k = \frac{A_0}{\Delta^2} \quad \text{(Equação 6.5)}$$

em que: A_0 representa o custo de reparo ou de substituição do produto para o cliente; e Δ indica o desvio da meta que exigiria reparo ou substituição.

Exercícios resolvidos

1) Certa empresa segue um controle de qualidade para a produção de varões de alumínio para cortinas. O comprimento de certo tipo de varão é determinado por m = 20 ± 4 cm, cujo custo é dado por R$ 32,00 a peça produzida. Calcule a perda em decorrência do desvio da característica quando a peça apresenta um valor de 22 cm.

Resolução

Nesse caso, a empresa tem um valor de meta m = 20 cm e um custo de reparo ou substituição do produto para o cliente de A_0 = R$ 32,00 por peça. Como o desvio da meta Δ = 4 cm, tem-se que:

$$k = \frac{A_0}{\Delta^2} = \frac{R\$\,32}{(4\,cm)^2} = R\$\,2\,cm^2$$

Então, para o valor de y = 22 cm, a função L é:

L = 2(y − 20)²

L = 2(22 − 20)² = R$ 8/peça

Graficamente:

Gráfico A – Função perda de Taguchi na produção de varões de alumínio para cortinas

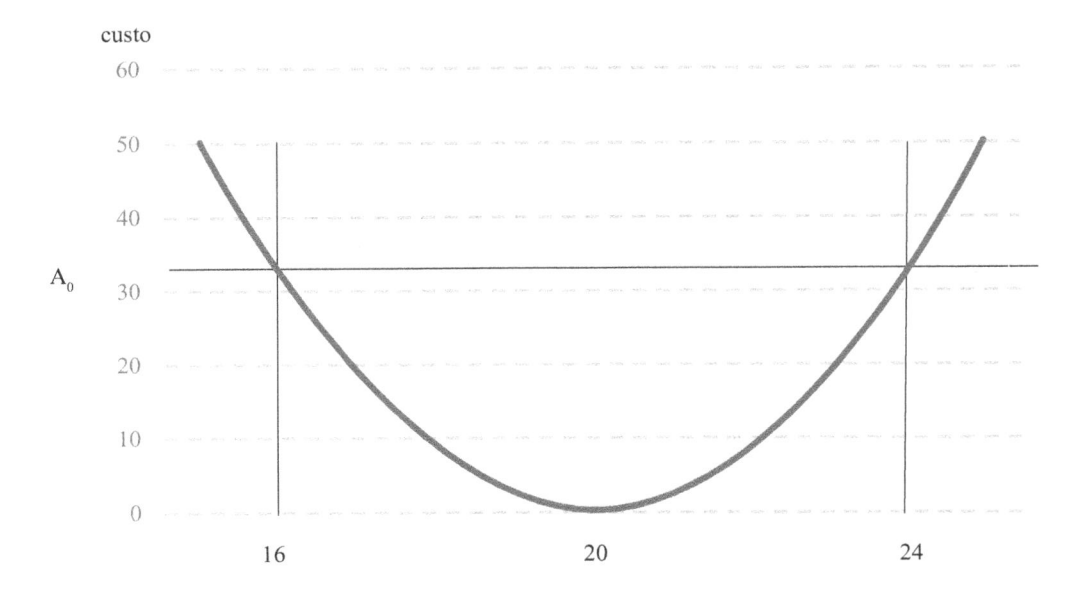

custo

A_0

```
60 ┤
50 ┤ *                                         *
40 ┤  *                                       *
30 ┤───*─────────────────────────────────────*───
20 ┤      *                             *
10 ┤          *                     *
 0 ┤                *  *  *  *  *
    ────┼──────────────┼──────────────┼────
       16             20             24
```

Resposta

É possível perceber que, se a medida do varão for igual a 20, pela equação, o valor da perda L será igual a zero, ou seja, não gerará custo. Para qualquer outra medida, haverá um valor diferente de zero para L.

Por essa concepção, portanto, os procedimentos de melhoria devem continuar sendo realizados até o momento em que se consiga ter o processo centrado e com variabilidade nula; a aplicação da função de perda implica um esforço contínuo de melhoria da qualidade.

Para saber mais

No vídeo indicado a seguir, são explicadas a definição e a forma de aplicação da função perda.

DEFININDO qualidade pelo conceito de Taguchi. **Professor Fabio Guedes**, 28 fev. 2020. Disponível em: <https://www.youtube.com/watch?v=gIxcwKrpBg8 >. Acesso em: 17 jan. 2023.

6.2 Cálculo da perda para um lote de produtos

Nesta seção, consideremos como exemplo um lote de produtos fabricados para, na sequência, determinar as perdas. É evidente que, para eliminar as perdas, faz-se necessário, antes, identificar o processo por meio da aplicação de algumas técnicas. Tais perdas podem decorrer, por exemplo, de superprodução, do transporte de material ou da fabricação de produtos defeituosos, entre outros fatores.

Quando se avalia certa quantidade de peças, deve-se determinar a perda média de n peças produzidas. A perda média unitária, decorrente do desvio da característica, é definida por:

$$L = \frac{1}{n} \cdot \sum_{i=1}^{n}\left[k(y_i - m)^2\right] \quad \text{(Equação 6.6)}$$

em que: $\sum_{i=1}^{n}\left[k(y_i - m)^2\right]$ representa a soma de perdas de n peças produzidas. Ao desenvolver a Equação 6.6 pela aplicação de produto notável e propriedades da soma, podemos reescrever a perda do desvio da seguinte maneira:

$$L = k\left\{\frac{\sum_{i=1}^{n} y_i^2}{n} - \frac{2m \cdot \sum_{i=1}^{n} y_i}{n} + \frac{\sum_{i=1}^{n} m^2}{n}\right\} \quad \text{(Equação 6.7)}$$

Somando e subtraindo os valores $\left(\frac{\sum_{i=1}^{n} y_i}{n}\right)^2$, encontra-se:

$$L = k\left\{(\bar{y} - m)^2 + \sigma^2\right\} \quad \text{(Equação 6.8)}$$

Por meio da Equação 6.8, conclui-se que há duas parcelas que contribuem para a perda de qualidade: o desvio da meta $\bar{y} - m$ e a dispersão σ, que representa a falta de homogeneidade. Quando os valores de k e m são conhecidos, faz-se o cálculo da média e do desvio-padrão de um lote para estimar a perda média por unidade.

Exemplificando

1) Considere que uma indústria fabrica furadeiras elétricas com torque de 25 Nm (newton-metro) e variação de 20 a 30 Nm. A empresa fez a verificação de um lote que continha 15 peças, testando o torque. O resultado foi representado na tabela a seguir.

Tabela A – Avaliação de torque de lote com 15 peças

Peça	Torque (Nm)
1	22
2	21,7
3	24
4	24,6
5	28
6	32
7	24,7
8	28,9
9	25,9
10	25,2
11	23,8
12	22,2
13	23
14	21
15	24,8

Neste caso, o nível ideal do parâmetro de projeto é m = 25 Nm. Foi especificado que o desvio da meta era Δ = 5 Nm. O coeficiente de perda k, Equação 6.5, depende do custo de reparo ou de substituição do produto para o cliente, A_0 = R$ 80,00 por peça, e do desvio da meta, Δ = 5 Nm; logo:

$$k = \frac{A_0}{\Delta^2} = \frac{80}{5^2} = R\$\, 3{,}2 / (N \cdot m)^2$$

Ao se acrescentar, na tabela inicial, uma nova coluna com os valores calculados de $k(y_i - m)^2$ para cada peça avaliada, tem-se:

Tabela B – Avaliação de torque de lote com 15 peças e cálculo de perda

Peça	Torque (Nm)	$k(y_i - m)^2$
1	22	28,8
2	21,7	34,848
3	24	3,2
4	24,6	0,512
5	28	28,8
6	32	156,8
7	24,7	0,288
8	28,9	48,672
9	25,9	2,592
10	25,2	0,128
11	23,8	4,608
12	22,2	25,088
13	23	12,8
14	21	51,2
15	24,8	0,128

Somados os valores encontrados na terceira coluna, chega-se ao resultado 398,464, que é justamente a soma representada na Equação 6.6. Então, aplicando essa equação, encontra-se:

$$L = \frac{1}{n} \cdot \sum_{i=1}^{n}\left[k(y_i - m)^2\right]$$

$$L = \frac{1}{15} \cdot 398,464$$

$$L = R\$\ 26,56/\text{peça}$$

Aplicando-se a Equação 6.8, sendo o valor médio do torque $\bar{y} = 24,786$ Nm, o desvio-padrão $\sigma = \sqrt{\dfrac{\sum_{i=1}^{n}\left[(y_i - \bar{y})^2\right]}{n}} = 2,8732$, temos:

$$L = k\left\{(\bar{y} - m)^2 + \sigma^2\right\}$$

$$L = 3,2\{(24,786 - 25)^2 + 2,8735^2\}$$

$$L = R\$\ 26,56/\text{peça}$$

Note que, independentemente de se aplicar a Equação 6.6 ou a 6.8, obtém-se resultado idêntico. A vantagem de usar a Equação 6.8 é que é dispensável conhecer o custo de reparo do produto para o cliente A_0.

6.3 Função perda para os tipos de características da qualidade

Nos capítulos anteriores, constatamos que as causas de variação provocam mudanças nas diversas características da qualidade dos produtos, o que pode dar início à fabricação de produtos defeituosos, que são produzidos em razão da presença de variabilidade; logo, a redução da variabilidade nos processos implica uma diminuição do número de produtos defeituosos fabricados.

Para saber mais

No vídeo indicado a seguir, explica-se o que é o fator de qualidade e como esse parâmetro pode ajudar o sistema de uma empresa.

O FATOR de qualidade Q. **O por quê disso?**, 28 mar. 2019. Disponível em: <https://www.youtube.com/watch?v=ulfUjnzqqIY>. Acesso em: 17 jan. 2023.

Nesse sentido, para diminuir as perdas, também é importante analisar os problemas de qualidade. O fator Q, que mostra a natureza dos problemas de qualidade, é definido por:

$$Q = \left| \frac{\bar{y} - m}{\sigma} \right| \quad \text{(Equação 6.9)}$$

A respeito do fator Q, é possível avaliar duas possibilidades:

1. $Q > 1$: a perda decorrente do desvio da meta é dominante no processo; é grande a chance de fazer uma melhoria significativa, com facilidade.
2. $Q \approx 0$: o processo está centrado, e os problemas de qualidade são devidos, basicamente, à dispersão; torna-se mais difícil a possibilidade de fazer uma melhoria significativa no processo, o que exige ações sobre as causas comuns.

Em muitos casos, mesmo que os dois processos apresentem a mesma perda média unitária, é mais fácil melhorar determinado processo do que outro.

O que é

O fator Q é um índice que mostra a natureza dos problemas da qualidade.

O fator Q é classificado em três tipos, de acordo com as características da qualidade:

1. **Nominal é melhor**: ao qual são aplicadas viscosidade e folga para o cálculo da perda média unitária de dimensões – por exemplo, Gráfico 6.2 (a).

2. Maior é melhor: ao qual é aplicado, por exemplo, tempo de vida, para o cálculo da perda média unitária de resistência; tem um valor mínimo estabelecido, conforme Gráfico 6.2 (b).

3. Menor é melhor: ao qual são aplicados, por exemplo, retração e nível de ruído para o cálculo da perda média unitária de desgaste; tem um valor máximo estabelecido, conforme Gráfico 6.2 (c).

Gráfico 6.2 – Tipos de características de qualidade

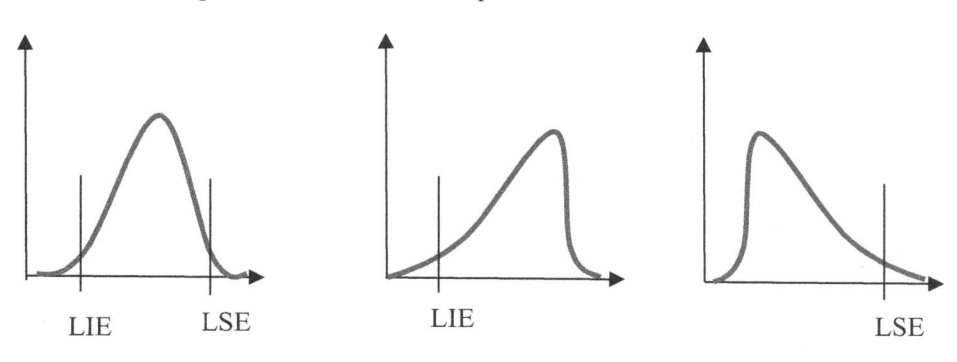

A função de perda para **maior é melhor** trata das características que têm um valor mínimo estabelecido; nesses casos, a perda diminui à medida que o valor y aumenta, tendo o menor valor quando y tende para o infinito. A equação para a função perda é dada por:

$$L(y_i) = \frac{k}{y_i^2} \quad \text{(Equação 6.10)}$$

No caso de existirem muitas unidades, a função de perda média unitária para um lote será:

$$L = \frac{1}{n} \sum \frac{k}{y_i^2} \quad \text{(Equação 6.11)}$$

Ou, em termos de desvio-padrão:

$$L = \left(\frac{k}{\bar{y}^2}\right)\left(1 + \frac{3\rho^2}{\bar{y}^2}\right) \quad \text{(Equação 6.12)}$$

A função de perda para **menor é melhor**, por sua vez, trata das características que têm um valor máximo estabelecido; nesses casos, a perda diminui à medida que o valor y diminui, tendo o menor valor quando y tende a zero. A equação para a função perda é dada por:

$$L(y_i) = k \cdot y_i^2 \quad \text{(Equação 6.13)}$$

Existindo muitas unidades, a função de perda média unitária para um lote será:

$$L = \frac{1}{n}\sum k \cdot y_i^2 \quad \text{(Equação 6.14)}$$

Ou, em termos de desvio-padrão:

$$L = k\left(\bar{y}^2 - \rho^2\right) \quad \text{(Equação 6.15)}$$

Exemplificando

2) Uma empresa que fabrica um tipo de componente eletrônico, oferece a seguinte garantia ao cliente: se o tempo de falha do componente for inferior a 2.000 horas, a empresa substituirá o componente por outro, gerando, uma perda de R$ 150,00 para a empresa. Um lote de produtos foi testado, e a tabela de dados é a seguinte:

Tabela C – Amostra para avaliar tempo de falha de dez componentes eletrônicos

Componente	1	2	3	4	5	6	7	8	9	10
Tempo p/falha (h)	975	1040	1110	1150	1250	1410	1650	1900	1915	2080

Nesse caso, quanto maior for o valor do tempo em horas, melhor será para a empresa. Trata-se, assim, de uma função de perda para **maior é melhor**. Como há valor de perda conhecido, aplica-se a Equação 6.10 para se encontrar o valor de k:

$$L(y_i) = \frac{k}{y_i^2}$$

$$150 = \frac{k}{2.000^2}$$

$$k = 150 \cdot 2.000^2 = 6 \cdot 10^8 \text{ R\$/h}^2$$

Por estar se analisando um lote, aplica-se a Equação 6.11 para a perda média unitária:

$$L = \frac{1}{n}\sum \frac{k}{y_i^2}$$

$$L = \frac{1}{10}\sum \frac{6 \cdot 10^8}{y_i^2} = 350{,}12 \text{ R\$/h}^2$$

A função perda é um índice que pode ser usado para monitorar melhorias no processo, sendo mais consistente que os índices usuais de capacidade C_p e C_{pk}, pois leva em consideração tanto a perda de dispersão quanto a perda de desvios da meta. É possível, portanto, aplicá-la a diversas situações.

Exercícios resolvidos

2) Determinado motor tem rotação ótima de 85 rps (rotação por segundo). Foi detectado que, em alguns casos, a rotação desse motor sofre uma variação maior que 2 rps, ocasionando possíveis problemas, o que gera um custo de R$ 50,00. Determine uma tolerância da produção para diminuir o custo para a empresa e represente-a graficamente.

Resolução

Nesse processo, são conhecidos o valor do custo de reparo, $A_0 = R\$ 50,00$; o desvio da meta, $\Delta = 2$ rps; e o valor nominal, $m = 85$ rps. Usando a Equação 6.5 para determinar o valor de k, encontra-se:

$$k = \frac{A_0}{\Delta^2}$$

$$k = \frac{50}{(2\text{ rps})^2} = R\$ 12,5/(\text{rps})^2$$

Na sequência, aplica-se a função perda para uma peça dada pela Equação 6.1:

$$L = k(y - m)^2$$
$$L = 12,5(y - 85)^2$$

A empresa pode decidir um novo custo de reparo, na saída da linha de produção. Se esse custo for estimado em R$ 20,00 por peça produzida, então, teremos:

$$L = 12,5(y - 85)^2$$
$$20 = 12,5(y - 85)^2$$
$$\frac{20}{12,5} = (y - 85)^2$$

Isolando a variável y:

$$y = 85 \pm \sqrt{\frac{20}{12,5}}$$

$$y = 85 \pm 1,26$$

Resposta

Logo, a nova tolerância será de ±1,26, pois os motores que ultrapassarem esses limites serão reparados na fábrica, sendo essa a opção mais econômica. Graficamente, a situação é representada da seguinte forma:

Gráfico B — Função perda na avaliação de produção do motor

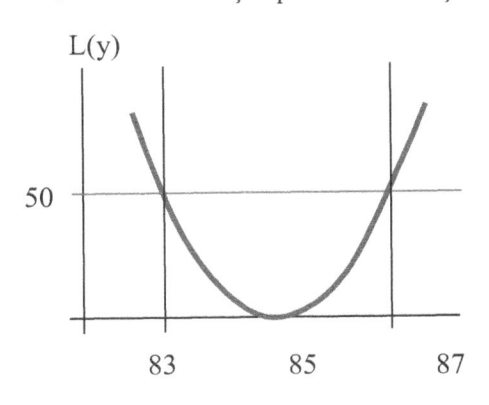

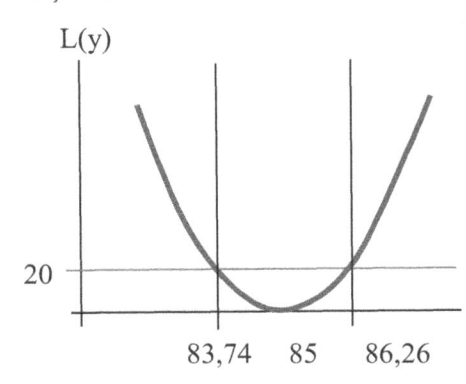

Tolerância de + ou − 2 do cliente

Tolerância de + ou − 1,26 do cliente

Com base nesse exercício, podemos avaliar, ainda, outra aplicação da função perda: sempre que o custo de reparar o produto, na própria indústria, for menor do que o custo de recuperá-lo já com o cliente, será possível definir novas tolerâncias de produção, mais estreitas do que as tolerâncias dos clientes.

Também é possível aplicar a função perda a outras situações, como nos casos de comparação (antes e depois) da melhoria de fabricação de um produto ou de comparação de dois processos distintos de um mesmo produto.

6.4 Estudos de caso

Estudo de caso I

Método de Taguchi em instituição pública

Analisaremos, aqui, um estudo de caso com base na tese *Aplicação do método de Taguchi em instituição pública*, defendida por Lélia Lage Toto, em 2001, cujo experimento foi realizado e utilizado no Instituto de Saúde da Secretaria de Saúde do Estado de São Paulo, com o objetivo de obter a quantificação e a insatisfação quanto aos problemas gerenciais, colocando-os em uma forma hierárquica, para posterior resolução (Toto, 2001).

Após pesquisa literária, a referida investigação acadêmica considerou os seguintes pontos, que, em seu conjunto, caracterizavam a situação-problema:

- o atendimento das necessidades dos usuários internos;
- o fato de que os usuários internos da informação gerencial eram os administradores responsáveis pelo processo de tomada de decisão nas mais variadas atividades, dentro das organizações sociais;

- a utilização das informações para a análise do desempenho das áreas organizacionais e dos gestores, a fim de que as necessidades de cada usuário pudessem receber as respostas adequadas.

Segundo a autora, ficou evidente a necessidade de concepção de sistemas capazes de fornecer respostas adequadas a questões como: falta de motivação dos funcionários; dificuldade de execução de atividades-fim na instituição; e problemas na avaliação da *performance*, as quais caracterizavam uma problemática com a qual o instituto então se defrontava.

A hipótese levantada pela autora foi a de que o método de Taguchi poderia ser utilizado para medir os problemas gerenciais, facilitando a hierarquização adequada e a consequente resolução dos problemas mais importantes identificados.

O método de pesquisa adotado levou em consideração a tendência específica de investigação, a fim de atingir o objetivo. Utilizou-se, para isso, o método observacional, por meio do qual a realidade do observador foi captada de forma sensorial. Em seguida, passou-se à fase de levantamento de dados, realizada por meio de entrevistas, já que esta é considerada a técnica mais adequada para a avaliação de informações sobre assuntos complexos.

No desenvolvimento do experimento, foi utilizada a matriz ortogonal L_8, cujo número à esquerda é chamado de *número experimental* ou *número designado*, o qual varia de 1 a 8; o alinhamento vertical, por sua vez, é denominado *coluna de matriz ortogonal*, em que cada coluna consiste em 4 de cada um dos numerais 1 e 2, havendo, portanto, quatro combinações possíveis.

Depois de realizadas as entrevistas pessoais, para a seleção dos fatores iniciais, com o diretor-geral, o gerente de informática, um cientista, o gerente de planejamento e o gerente de pessoal, foi então construída a matriz ortogonal com a utilização dos sete fatores mais frequentes citados nas entrevistas. A matriz ortogonal arranjou esses fatores em oito combinações, as quais foram testadas com 15 pessoas de nível gerencial:

- diretor-geral e três assessores de diretoria;
- gerente de informática e dois analistas de sistemas;
- gerente de planejamento;
- gerente de pessoal e dois assessores técnicos;
- quatro cientistas da área de saúde pública.

Os sete fatores, chamados de *ABCDEFG*, foram listados e representados na tabela de matrizes ortogonais L_8 (Quadro 6.1).

Quadro 6.1 – Composição dos itens a serem avaliados

Fator	Nível 1	Nível 2
A: Planejamento estratégico	A1 = Atual	A2 = Novo
B: Desenvolvimento gerencial	B1 = Manter	B2 = Mudar
C: Incentivo a eficiência	C1 = Manter	C2 = Mudar
D: Critérios de promoção	D1 = Atual	D2 = Novo
E: Sistema de informação	E1 = Atual	E2 = Novo
F: Renumeração	F1 = Atual	F2 = Aumentar
G: Educação continuada	G1 = Melhorar	G2 = Manter

Fonte: Toto, 2001, p. 108.

Na Tabela 6.1, são apresentados oito fatores em sete colunas, denominados *Experimento*; a combinação é analisada em número de insatisfeitos, em porcentagem.

Tabela 6.1 – Experimento e número de insatisfeitos, em porcentagem

Fator	ABCDEFG	Pl. Estrat.	Desenvolv. gerencial	Incent. eficiência	Promoção perform.	Sist. inform.	Remuneração	Educ. contin.	Insatisf. em porcentagem
1	1111111	Atual	Manter	Manter	Atual	Atual	Atual	Melhorar	57
2	1112222	Atual	Manter	Manter	Novo	Novo	Aumentar	Manter	17
3	1221122	Atual	Manter	Manter	Atual	Atual	Aumentar	Manter	12
4	1222211	Atual	Manter	Mudar	Novo	Novo	Atual	Melhorar	42
5	2121212	Novo	Manter	Mudar	Atual	Novo	Atual	Manter	65
6	2122121	Novo	Manter	Mudar	Novo	Atual	Aumentar	Melhorar	8
7	2211221	Novo	Manter	Manter	Atual	Novo	Aumentar	Melhorar	12
8	2212112	Novo	Manter	Manter	Novo	Atual	Atual	Manter	28

Fonte: Toto, 2001, p. 109.

Verifica-se que, no experimento descrito como *número 1*, para cada coluna correspondente a A, B, C, D, E, F e G, o numeral da matriz ortogonal é 1, isto é, 1 experimento usa o primeiro nível do fator A-G. Em outras palavras, o experimento número 1 consiste no fator A1, B1, C1, D1, E1, F1, G1, e tanto sua avaliação quanto sua composição são conhecidas. Assim, o fator A1 equivale a manter as condições atuais quanto ao planejamento estratégico; e B1 indica que o desenvolvimento gerencial é aprovado e deve ser mantido, e assim por diante.

O experimento 1 praticamente mantém as características atuais encontradas na organização; portanto, a insatisfação chega a 57% dos entrevistados, se forem mantidos os fatores conforme os listados.

Quando se analisa A1 em relação a A2, compara-se o total do número de insatisfeitos do experimento 1, 2, 3 e 4, conduzidos com A1, e o número total de insatisfeitos conduzidos com A2. Esses totais podem ser expressos da seguinte forma:

$$A1 = 57 + 17 + 12 + 42 = 128 \quad e \quad A2 = 65 + 8 + 12 + 28 = 113$$

Então, faz-se a divisão dos valores por 4, obtendo-se A1 = 32% e A2 = 28,25%.

Dessa forma, a mudança do plano estratégico do atual AI para um novo A2 causará diminuição da insatisfação de 32% para 28,25%. Como a mudança é pequena, talvez esse não seja um item prioritário no momento.

Foi também avaliado o fator F1, ou remuneração atual, e constatou-se um quadro diferente. O total de insatisfeitos foi:

F1 = 57 + 42 + 65 + 28 = 192 e F2 = 17 + 12 + 8 + 12 = 49

Dividindo-se por 4, a porcentagem dos insatisfeitos ficou F1 = 48% e F2 = 12,25%.

O resultado revela que o aumento de salário poderia ser um item importante, porque diminuiu a insatisfação de 48% para 12,25%.

A seguir, mostramos a tabela das médias dos insatisfeitos com os fatores do nível 1 e 2.

Tabela 6.2 – Resultado das médias dos insatisfeitos com os fatores do nível 1 e 2

Fator nível 1	Media insatisfeita	Fator nível 2	Média insatisfeita
A1	32	A2	28,25
B1	36,75	B2	23,5
C1	28,5	C2	31,75
D1	36,5	D2	23,75
E1	34	E2	26,25
F1	48	F2	12,5
G1	29,75	G2	30,5

Fonte: Toto, 2001, p. 112.

Assim, foi possível identificar os tipos de componentes que geram menor insatisfação dos funcionários.

Os valores maiores correspondem aos fatores considerados mais importantes e que merecem atenção imediata. Calculadas as diferenças das médias, para a obtenção dos pesos então, ao seguinte resultado:

Tabela 6.3 – Fatores ou atributos e notas (peso)

Fator/atributo	Peso
Planejamento estratégico	3,75
Desenvolvimento gerencial	13,25
Incentivo à eficiência	3,25
Critérios de promoção	12,75
Sistemas de informação	7,75
Renumeração	35,75
Educação continuada	0,75

Fonte: Toto, 2001, p. 113.

Com base nessa listagem e em uma série de experimentos feitos com as diversas categorias de profissionais que compõem o quadro de funcionários do Instituto de Saúde em questão, foi possível elaborar uma tabela de frequência dos fatores hierarquizados por importância e escolher, entre eles, os três mais frequentes para iniciar o processo de aperfeiçoamento. No experimento anterior, foram importantes os fatores: remuneração, desenvolvimento gerencial e critérios de promoção.

O método foi validado com a verificação dos resultados por meio de entrevistas posteriores ao processo, as quais revelaram ampla concordância de resultados. A conclusão foi a de que o método de Taguchi pode ser bastante útil nas organizações, principalmente quando há muitas variáveis e todas elas parecem igualmente importantes e prioritárias.

Estudo de caso II

Método de Taguchi na melhoria da fabricação de eletrodos para EDM

Nesta seção, comentaremos sobre o estudo de caso intitulado "Método Taguchi: caso de aplicação na melhoria do fabrico de eléctrodos para EDM" (Domingues et al., 2004), que, conforme anuncia o título do artigo, aborda a aplicação do método Taguchi ao estudo da fabricação de eletrodos para EDM por meio de sinterização por *laser* (DMLS) de uma mistura de pó de aço Direct Steel. O controle do processo foi avaliado pela densidade obtida, com variação dos níveis dos fatores de potência, *hatching* e velocidade de varrimento.

A aplicação desenvolvida teve por objetivo identificar as melhores condições de sinterização de uma mistura de pós metálicos, por meio de DMLS, que garantissem uma boa densificação do material em aço do tipo Direct Steel para a fabricação rápida de eletrodos para EDM, maquinagem por eletroerosão de penetração.

Foram identificados os parâmetros da máquina e respectivos níveis:

- potência, identificada como *Fator A* e definida em porcentagem da potência real do *laser*, variando entre 65 e 95%;
- *hatching*, identificado como *Fator B*, variando entre 0,24 e 0,36 mm;
- velocidade de varrimento, identificada como *Fator C*, variando entre 100 e 500 mm/s.

Tanto a contribuição dos fatores de controle quanto o efeito dos valores podem ser calculados a partir do valor médio das N experiências ou a partir do índice de sinal-ruído S/N. Esse índice, proposto por Taguchi, é uma medida da variação, cuja maximização, em geral, minimiza a função de perda dada por S/N = –10 log (MSD), em que MSD é o desvio quadrático médio.

Para cada um dos fatores, foram selecionados três níveis, considerando-se, sempre: um valor mínimo; um valor máximo; e um valor intermediário, conforme tabela a seguir.

Tabela 6.4 – Fatores e níveis

Nível	Fatores		
	A	B	C
	Potência do *laser* (%)	*Hatching* (mm)	Velocidade (mm/s)
1	65	0,24	100
2	80	0,30	300
3	95	0,36	500

Fonte: Domingues et al., 2004, p. 121.

Depois de realizada a análise, com três níveis e três fatores, um planejamento fatorial completo necessitaria de 27 experiências. Então, após a escolha de uma matriz L_9, em cada experiência, foram realizados dois ensaios e calculados os valores da densidade do material sinterizado e do índice de sinal-ruído S/N para cada experiência. O resultado pode ser observado na Tabela 6.5.

Tabela 6.5 – Resultados da densidade e S/N

Exper. N.	A	B	C	e	Densidade 1	Densidade 2	S/N
1	1	1	1	1	7,48	7,37	17,41
2	1	2	2	2	6,36	6,44	16,12
3	1	3	3	3	5,59	5,60	14,96
4	2	1	2	3	6,61	6,65	16,43
5	2	2	3	1	6,12	6,03	15,67
6	2	3	1	2	7,66	7,55	17,62
7	3	1	3	2	6,30	6,25	15,95
8	3	2	1	3	7,70	7,72	17,74
9	3	3	2	1	6,21	6,07	15,76

Fonte: Domingues et al., 2004, p. 121.

A avaliação dos resultados, feita pelo método da Análise de Variância (Anova) e calculada a partir do índice de sinal-ruído S/N, indicou que a velocidade de varrimento é o fator mais relevante para o desempenho do processo, com uma contribuição de cerca de 88%, conforme tabela que segue.

Tabela 6.6 – Análise de variância (Anova)

Origem	Graus de liberdade (f)	Soma dos quadrados (variação S)	Variância (V)	F- Teste	Contribuição % (P)
(A) potência	2	0,279	0,139	2,22	2,01
(B) Hatching	2	0,402	0,201	3,21	3,63
(C) Veloc.	2	6,813	3,407	54,34*	87,78
(e) erro exp.	2	0,125	0,063		6,58
Total	8	7,620			100

(*) pelo menos 97,5%

Fonte: Domingues et al., 2004, p. 122.

O efeito dos fatores calculados, respectivamente, a partir dos valores médios da densidade, é apresentado na Tabela 6.7, e os valores do índice de sinal-ruído S/N, na Tabela 6.8.

Tabela 6.7 – Efeito dos fatores na densidade

Níveis	Fator A	Fator B	Fator C
Nível 1	6,47	6,78	7,58
Nível 2	6,77	6,73	6,39
Nível 3	6,71	6,45	5,98

Fonte: Domingues et al., 2004, p. 122.

Tabela 6.8 – Efeito dos fatores com o S/N

Níveis	Fator A	Fator B	Fator C
Nível 1	16,16	16,60	17,59
Nível 2	16,57	16,51	16,10
Nível 3	16,48	16,11	15,53

Fonte: Domingues et al., 2004, p. 122.

A análise dos valores do índice de sinal-ruído S/N tornou possível a avaliação, conforme o Gráfico 6.3.

Gráfico 6.3 – Variação fator *versus* densidade média

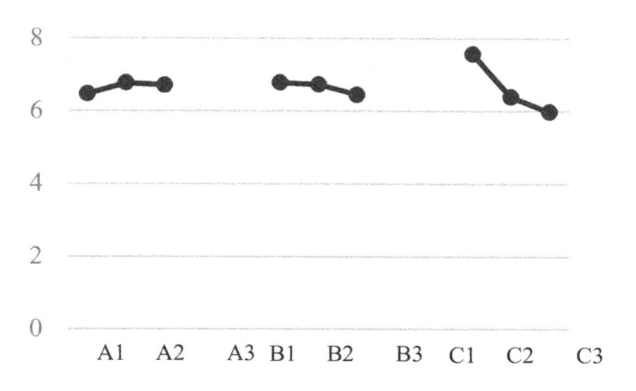

Fonte: Domingues et al., 2004, p. 122.

Gráfico 6.4 – Variação fator *versus* com o S/N

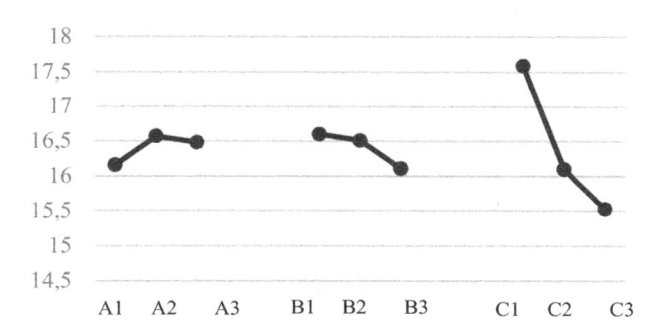

Fonte: Domingues et al., 2004, p. 122.

Pela avaliação dos resultados, a melhor combinação a ser utilizada na experiência confirmatória deve ser: A2, B1, C1; esses níveis de fatores controláveis diminuem a variação e servem para ajustar a média. Contudo, como o efeito dos fatores A e B no processo é pouco significativo, por questões econômicas, devem ser utilizados os níveis A1, B3, C1. O valor esperado ou previsto para a variação, medido pelo índice sinal-ruído S/N, foi de 17,95 ± 1,38.

As conclusões da avaliação de desempenho do processo DMLS sobre uma mistura de pós de aço Direct Steel foram:

- a velocidade é o único fator que contribui significativamente para a obtenção do maior valor de densificação (cerca de 88%), com um grau de confiança de, pelo menos, 97.5%;

- a contribuição dos outros dois fatores, *hatching* e velocidade de varrimento, foi de aproximadamente 6%;
- os valores obtidos pela análise de variância apresentam um erro experimental relativamente pequeno, inferior a 7%, valor que corresponde à não identificação das causas de variação da densidade;
- os fatores/níveis que conduzem ao melhor resultado são: A2, B1, C1;
- a realização da experiência confirmatória deve ser realizada com os fatores/níveis: A2, B1, C1;
- normalmente, por questões econômicas, devem ser escolhidos os fatores/níveis: A1, B3, C1.

Síntese

Neste capítulo, analisamos a função perda quadrática, também conhecida como *função de perda de Taguchi*, que pode declarar o valor monetário da consequência de qualquer aperfeiçoamento em qualidade. Salientamos que o ponto central do aperfeiçoamento da qualidade é a redução de custos.

Ressaltamos, também, que a função perda de Taguchi relaciona uma medida financeira quando se calcula o desvio de uma característica do produto em relação ao valor nominal, também denominado *meta*; nessa função, o coeficiente de perda k converte o desvio do alvo em valores monetários.

Tratamos, por fim, dos três tipos de características da qualidade, que são: nominal é melhor; maior é melhor; e menor é melhor. Os índices encontrados são aplicados para monitorar melhorias no processo, sendo mais consistentes do que os índices usuais.

Questões para revisão

1) É correto afirmar que a função de perda maior é melhor trata das características que têm um valor:

   a. k igual ao valor mínimo estabelecido.
   b. mínimo estabelecido.
   c. mínimo igual ao valor máximo.
   d. máximo estabelecido.
   e. máximo igual a k.

2) Analise as assertivas a seguir e indique V para as verdadeiras e F para as falsas:

( ) Se o fator Q é menor que zero, então a perda decorrente do desvio da meta é dominante no processo.

( ) O fator Q é um índice que mostra a natureza dos problemas da qualidade.

( ) Quando o fator Q assume valores maiores que 1, o processo está centrado, e os problemas de qualidade são basicamente decorrentes da dispersão.

( ) Se o fator Q é maior que k, significa que é grande a chance de fazer uma melhoria significativa no processo.

3) Avalie as sentenças seguintes:

I. Na função de perda menor é melhor, o menor valor ocorre quando y tende ao infinito.

II. Na função de perda maior é melhor, o menor valor ocorre quando y tende a zero.

III. A função de perda nominal é melhor é aplicada ao cálculo da perda média unitária de dimensões, como o comprimento.

As sentenças corretas são:

a. apenas I.
b. apenas I e II.
c. apenas II e III.
d. apenas III.
e. I, II e III.

4) Qual é o significado do coeficiente de perda k?

5) Explique o que acontece com o valor de y na função de perda quando se considera que a perda é nula.

Questões para reflexão

1) Apresente um caso no qual seja aplicada a função de perda maior é melhor, em uma situação real, envolvendo tempo.

2) Explique como seria a aplicação da função perda para melhorar a satisfação dos clientes em um restaurante.

Considerações finais

Ao se estudar estatística, é preciso empreender a coleta, a interpretação e a apresentação de dados. Com base nas informações obtidas, é possível modificar total ou parcialmente a condução de um processo.

Nesta obra, foi possível contemplar diferentes formas de análise de um processo: desde o uso da folha de verificação – uma das primeiras etapas da análise – até a utilização de ferramentas mais complexas, como o gráfico de controle para atributos e para variáveis, os quais são largamente adotados nas grandes empresas.

Evidenciamos ao longo deste livro que a tentativa de controlar um fenômeno exige, inicialmente, o entendimento desse fenômeno. Nesse sentido, a estatística contribui para controlar as variações que ocorrem em diferentes processos.

Lista de siglas

Anova – análise de variância
CAEd – fundação Centro de Políticas Públicas de Avaliação da Educação
CEP – controle estatístico de processo
LIC – limite inferior de controle
LIE – limite inferior de especificação
LM – linha média
LSC – limite superior de controle
LSE – Limite superior de especificação
RPN – resultado do número de prioridade de risco
S/N – índice sinal-ruído
SEE/MG – secretaria Estadual de Educação de Minas Gerais
Simave – Sistema Mineiro de Avaliação e Equidade da Educação Pública
SUS – Sistema Único de Saúde
UFJF – Universidade de Juiz de Fora

Referências

ANDERSON, D. R.; SWEENEY, D. J.; WILLIAMS, T. A. **Estatística aplicada à administração e economia**. 2. ed. São Paulo: Pioneira Thanson Learning, 2002.

AYRES, M. A. C. Folha de verificação: aplicabilidade desta ferramenta no serviço de higienização hospitalar. **Revista Humanidades e Inovação**, Palmas, v. 6, n. 13, p. 8-16, out. 2019. Disponível em: <https://revista.unitins.br/index.php/humanidadeseinovacao/article/view/1178>. Acesso em: 11 jan. 2023.

CANDEIAS, D. O. et al. Aplicação de ferramentas de qualidade: estudo de caso em uma microempresa do ramo calçadista. In: ENCONTRO NACIONAL DE ENGENHARIA DE PRODUÇÃO, 37., out. 2017, Joinville. Disponível em: <https://abepro.org.br/biblioteca/TN_STO_239_385_32449.pdf>. Acesso em: 11 jan. 2023.

CORRÊA, M. de F. B.; SOARES, T. M.; SILVA, J. A. da. Cartas de controle por atributo: um estudo de caso aplicado a um processo de leitura óptica de cartões. In: ENCONTRO NACIONAL DE ENGENHARIA DE PRODUÇÃO, 24., 2004, Florianópolis. Disponível em: <https://drive.google.com/file/d/1wnyCJZBek5kQgN9QZ2_z7sIAEuXgVfVq/preview>. Acesso em: 16 jan. 2023.

DOMINGUES, R. et al. Método Taguchi: caso de aplicação na melhoria do fabrico de eléctrodos para EDM. **Revista da Associação Portuguesa de Análise Experimental de Tensões**, INETI, DMTP/UTP, Lisboa, 2004. Disponível em: <http://www-ext.lnec.pt/APAET/pdf/Rev_11_A12.pdf>. Acesso em: 17 jan. 2023.

IBGE – Instituto Brasileiro de Geografia e Estatística. **Censo Brasileiro de 2010**. Rio de Janeiro: IBGE, 2011. Disponível em: <https://censo2010.ibge.gov.br/resultados>. Acesso em: 17 jan. 2023.

LIMA, B. C. de et al. **Sistemas da qualidade na busca de vantagem competitiva**: estudo de caso na indústria Zanzini móveis. 60 f. Monografia (Graduação em Administração de Empresas) – Faculdade Gennari e Peartree (FGP), Pederneiras, 2014. Disponível em: <http://www.fgp.edu.br/wp-content/uploads/2017/01/TCC-2014-Sistemas-da-qualidade-na-busca-de-vantagem-competitiva-estudo-de-caso-na-ind%C3%BAstria-Zanzini-m%C3%B3veis.pdf>. Acesso em: 11 jan. 2023.

LOZADA, G. **Controle estatístico de processos**. Porto Alegre: SAGAH, 2017.

OLIVEIRA, P. T. M. S. Amostragem estratificada: um estudo de caso. In: ESCOLA DE AMOSTRAGEM E METODOLOGIA E PESQUISA, 4, 2013, Brasília.

SIMÕES, P. R. **Amostragem por área**: sistematização e aplicação. 2017. 79 f. Trabalho de Conclusão de Curso (Bacharelado em Estatística) – Universidade de Brasília, Brasília, 2017. Disponível em: <https://bdm.unb.br/bitstream/10483/20528/1/2017_PedroReisSimoes_tcc.pdf>. Acesso em: 12 jan. 2023.

TOTO, L. L. **Aplicação do método de Taguchi em instituição pública**. 146 f. Tese (Doutorado em Administração de Empresas) – Escola de Administração de Empresas de São Paulo da Fundação Getúlio Vargas – Fundação Getúlio Vargas (FGV EAESP), São Paulo, 2001. Disponível em: <https://bibliotecadigital.fgv.br/dspace/handle/10438/4481>. Acesso em: 17 jan. 2023.

WERKEMA, C. C. **Ferramentas estatísticas básicas do Lean Seis Sigma Integradas ao PDCA e DMAIC**. Rio de Janeiro: Atlas, 2021.

Respostas

CAPÍTULO 1

Questões para revisão

1) e

2) F, F, V, V, F.

3) e

4) As etapas de construção e utilização da folha de verificação podem variar de acordo com alguns fatores, mas alguns desses itens são considerados procedimentos iniciais, a saber: o que será observado; o período de observação; o modelo de *checklist*; o responsável pela coleta; e o tamanho da amostra.

5) Andamento de um processo; tipo, local e causa de defeito; acompanhamento de etapas.

Questões para reflexão

1) A resposta deve indicar o que precisa ser melhorado e como será feita a coleta de dados, por meio de pesquisa ou observação.

2) A resposta deve apresentar: o planejamento da pesquisa para a elaboração de perguntas relevantes que deverão ser feitas aos funcionários; e a tentativa de avaliação do setor da empresa que pode estar apresentando baixo nível de comprometimento e defeitos nos produtos.

CAPÍTULO 2

Questões para revisão

1) b

2) V, F, V, F, F.

3) e

4) Os três tipos de estratificação são: por tempo, por local e por indivíduo. Na estratificação por tempo, o intuito é avaliar, por exemplo, se os resultados apresentam diferença no período da manhã, no período da tarde e no período da noite. Já na estratificação por local, o interesse é avaliar se os resultados do processo variam de acordo com o local em que os dados foram colhidos. Por fim, na estratificação por indivíduo, avalia-se se os resultados dependem do funcionário responsável pela sua produção.

5) Uma das dificuldades na aplicação da amostragem estratificada ótima consiste na impossibilidade de determinação prévia do desvio-padrão da variável nos diversos estratos.

Questões para reflexão

1) A resposta deve indicar um modelo de estratégia em que seja possível encontrar padrões capazes de ajudar na resolução de problemas. Se o caso for na residência, pode-se pensar, por exemplo, em avaliar o consumo de energia elétrica, estratificando-se os dados (consumo de energia no banho, no uso de máquina de lavar roupa, no uso de ferro de passar roupa etc.) e agrupando-os por tempo de uso e usuário.

2) A resposta deve indicar uma situação recorrente na escola para a qual seja possível a implementação de melhorias. Por exemplo, a incidência de atraso de alunos ou a ocorrência de notas baixas.

CAPÍTULO 3

Questões para revisão

1) d

2) V, F, V, F.

3) d

4) Os estudos de Vilfredo Pareto (1848-1923) levaram à conclusão de que 20% da população italiana detinha 80% das riquezas produzidas, e os 20%

restantes da riqueza estavam distribuídos entre os 80% restantes da população. Por essa razão, o princípio de Pareto ficou conhecido pela proporção 80-20.

5) Os seis grupos, também chamados de *6 Ms,* são: método; material; mão de obra; máquina; medida; e meio ambiente.

Questões para reflexão

1) A resposta deve indicar o processo contemplando as seguintes etapas: folha de verificação; coleta de dados; realização dos cálculos (para encontrar os porcentuais); e montagem do gráfico.

2) A resposta precisa indicar o que ficou definido como problema a ser analisado na residência. Em seguida, devem ser listadas as causas primárias que afetam o problema, relacionando-as com as causas secundárias.

CAPÍTULO 4

Questões para revisão

1) a

2) V, V, V, F

3) b

4) Levando-se em consideração o tamanho da amostra em cada subgrupo n_i, o tamanho médio da amostra n_i e o controle padronizado.

5) As etapas são como: coleta de dados, determinação do número de não conformidades da amostra, determinação do número médio de não conformidades e interpretação do gráfico construído.

Questões para reflexão

1) A resposta deve indicar as etapas de construção e utilização do gráfico de controle p para a proporção de não conformes, em amostras de mesmo tamanho, em um exemplo aplicado a uma empresa ou a alguma situação cujo interesse seja avaliar o controle de determinado processo.

2) A resposta deve indicar as etapas e a forma como foi analisado o processo em alguma situação na residência. Por exemplo, o cultivo de hortaliças, o rendimento na execução de tarefas da casa etc.

CAPÍTULO 5

Questões para revisão

1) a

2) F, V, F, F.

3) a

4) São utilizados os gráficos de controle X-barra e S, pois, em amostras maiores do que 10, a amplitude amostral R deixa de ser tão eficiente para estimar o desvio-padrão σ se comparada ao desvio-padrão amostral S.

5) Quando a taxa de produção é baixa, é possível avaliar toda unidade produzida.

Questões para reflexão

1) A resposta deve indicar um modelo inicial, incluindo o processo a ser aplicado e as etapas de construção do gráfico de controle para medidas individuais, como a coleta das amostras, o cálculo dos limites e o cálculo da amplitude móvel.

2) A resposta deve indicar a coleta de amostras, que pode ser realizada, por exemplo, via internet, em um banco de dados disponível; além disso, deve mostrar os cálculos dos limites de controle e o gráfico que se obtém a partir deles.

CAPÍTULO 6

Questões para revisão

1) b

2) F, V, F, F.

3) d

4) Converte o desvio do alvo em valores monetários.

5) O valor da característica de qualidade y será igual ao valor da meta m, pois, neste caso, tem-se o mínimo da função perda L.

Questões para reflexão

1) A resposta deve indicar um processo em que a vida útil do produto dependa do tempo e no qual seja dado um prazo de garantia ao cliente; depois, deve-se montar a tabela com dados fictícios ou reais e, em seguida, calcular os valores para registro no gráfico.

2) A resposta deve indicar qual seria a insatisfação dos clientes que gera prejuízo ao restaurante. Depois de detectadas as possíveis causas, deve-se estipular os valores de controle, efetuando-se os cálculos da função perda, e, em seguida, montar o gráfico.

Sobre a autora

Daniele Cristina Thoaldo é mestre em Métodos Numéricos em Engenharia (2011) pela Universidade Federal do Paraná (UFPR). Tem especialização em Ensino de Matemática (2008) pela Universidade Tuiuti do Paraná (UTP) e graduação em Licenciatura Plena em Matemática (2007) pela mesma instituição. Atualmente, é professora dos cursos de graduação da UTP e da Universidade Fael (UniFael). Trabalhou na rede estadual de educação do Paraná como docente de turmas dos ensinos fundamental e médio. São de sua autoria as obras: *Álgebra linear* e *Fundamentos de álgebra*, ambas publicadas pela Editora Fael, em 2016.

Os papéis utilizados neste livro, certificados por instituições ambientais competentes, são recicláveis, provenientes de fontes renováveis e, portanto, um meio responsável e natural de informação e conhecimento.

Impressão: Reproset